白井裕子

SHIRAI Yuko

森林の崩壊

国土をめぐる負の連鎖

296

新潮社

地図製作　綜合精図研究所
図表製作　ブリュッケ
写真提供　著者

はじめに

鬱蒼《うっそう》と細い木が立ち尽くし、陽も差さなくなった森。弱っていた木々が風雪に耐えられず折れ、立ち枯れた林。下草も枯れ、木の根が浮き出た地表。雨で木が根こそぎ流れ出て、露《あらわ》になった山肌。水を潤す力さえ萎《な》えた森から流れ出て、濁り大水となる川。食べ物が少なくなった山を降り、里を荒らす動物。大量に人工密植された劣悪な生育環境から、子孫を残そうと過剰に舞う杉花粉……。これが日本人から遠ざかってしまった森、我々が植えた人工林の多くの姿なのです。

我が国土のおよそ七割は森林です。これまで我々がきれいな空気や水を享受出来たのも、この森のお陰です。先人は「文明の前には森林があり、文明の後には砂漠が残る」という言葉も残しています。森林は文明の源でもあります。

そして我々日本人は、森や木に対する柔らかな感受性を育み、それを基に豊かな生活や産業文化を築いてきました。一方的に搾取するだけの化石燃料や、人為の趣くままに造る工業製品ではなく、生きた地域の資源として森や木を尊び、共に文化を築き上げてきたのです。日本は古くから木の文化を誇り、その技能や構法の集積がまちの歴史的景観を創り出してきました。そして、その自然と調和した姿が、我々の心象風景に刻み込まれてきました。

しかし、森林荒廃や林業の衰退、国産の木材を活用する地場産業の解体は、とどまるところを知りません。我が国の森や木と共にあった技能や職能、産業文化の伝統も、継承の危機に立たされています。

我が国は木材の大消費国です。しかし、その量だけを見れば、国内で一年に自然に増える木の容積で、日本の木材総需要量をまかなえるぐらいです。つまり、森林資源を減らすことなく、国内需要は国内で自給できそうな程あるのです。世界の森林面積は日々刻々と減少していますが、一方、我が国の森林資源は、統計上年々増え続けています。採掘すればいずれなくなってしまう化石燃料とは違い、木は切っては植え、切っては植えと繰り返すことのできる、枯渇することのない資源です。植林の歴史が昔からあるのは、世界でも日本と中欧ぐらいだと言われています。しかし今の日本では、自国の森林もままならない状態で海の向こうから大量に外材を輸入し、国内の木材消費量の八割を外国に依存しています。

日本の森と木をめぐり、個々の分野から多くの問題が言われています。しかし、川上から川下まで一続きの流れを見通し、いま起こっている現実を具体的に知らなければ、問題の本質をつかむ事は難しいと思います。木を植え育て、切っている山の中から、材となった木を組み上げて木造建築にするまで、一連の現場で何が起こっているのか――。それを出来るだけ多くの人にわかりやすく伝えたい、そういう思いから、この本の執筆に臨みました。そして、最後の矛盾を飲み込んでいる「現場」から問題の核心に迫り、どうしたら解決していけるのかを考えていきたいと思います。

現場へ行き、自分の経験や感受性を通じて物事を知り理解することを、私は大事にしています。これから記していくことは、筆者がこの足で回り、いま起こっている現実に触れ、立場も考え方も異なる内外の数百人の方々に会ってお話を聞き、考えてきた事です。話は雪積もる日本の荒廃林から、ドイツやオーストリアの山中にも飛びます。実際の現場から見た世界は一体どのように見えるのか、たとえ断片的にでも「生の声」で伝えていきたいと思います。

「外材に押されて国産材が売れなくなった」。日本の林業の衰退は、そう説明されることがしばしばです。しかし、話はそんなに簡単ではありません。我が国の森林資源やそれに関わる産業、公共政策の問題を追っていくと、社会の枠組みや意志決定のプロセスが実態から遊離し、本質を見失い、形骸化している様子がよく分かります。森や木を扱うには、我々の思い通りにはならない「自然」と向き合わなければならず、だからこそ問題が如実《にょじつ》に現れるのです。

それらの問題は、生の現場から得られた創意工夫でしか解決できず、机上の空論で対処できるものではありません。補助金や諸規則などの社会制度設計も、実際の経験から裏付けられた思索によってしか、問題の本質に触れる事はできないでしょう。

また、経済至上主義が席巻する昨今《さっこん》、金銭評価が難しい「豊かさの質」を左右する公共財をどのように扱うのか、という問題にも行き当たります。樹木を伐採している「上流」から、木造建築を建てる「下流」まで、国内外の多くの現場を訪ね、調査研究を続けるうちに、「森と木をめぐる問題は日本社会の仕組みの欠点を映し出す鏡だ」とも思うようになりました。もっと言えば、我々日本人が、我が国に眠る莫大な資源と貴重な文化、そして日本人らしさを損ないながら、今の社会を築いて来たのだという事にも気付かされました。

ここで「社会の仕組み」にまで踏み込むのは、それは人知れず作られ、どこからか降ってくるものではなく、今を生きる我々自身が考え、時代に合わせて変えていくものだと思うからです。過去を批判するのではなく、いま間違っているのならば、私たちが変えていくべきだと思うからです。

これまで沢山の出会いに恵まれて来ました。我々の森を、木を、文化を守り続けている方々に、心から尊敬と感謝の気持ちを込めて、丁寧に書いていきたいと思います。

森林の崩壊　国土をめぐる負の連鎖——目次

第一章　日本の森でいま、何が起こっているのか

第一章　日本の森でいま、何が起こっているのか

我が国に眠る膨大な資源

森と水は文化・文明の源である。古今東西、文明は河川とそれを潤す森林のもとに生まれている。今でも大都市の多くは川に寄り添うようにして繁栄し、その川の水は森から流れ出ている。我が国に至っては、国土の66％が森林である（農林業センサス2005年発表の林野面積2486万ヘクタールを、国土地理院発表の国土面積3779万ヘクタールで除した値）。これほどまでに日本が繁栄したのも、この恵まれた自然条件と無縁ではない。

この豊かな森、そして海という自然の国境に守られた国土が、我々日本人の特異《とくい》希《まれ》な気質を形づくったのだろう。我々の祖先は長い歴史をつむぎながら、木の文化を育んできた。木に関わる産業の裾野は広く、森は地域の産業文化や伝統技能を醸成する源でも

あった。

世界の森林率はわずか30％にも拘わらず、1990年の40億ヘクタールから2000年には39億ヘクタールへと毎年1000万ヘクタールのスピードで消失している。ところが我が国に目を転じると、森林面積はほぼ一定のまま、みるみるその容積を増加させているのだ。

最近の数値を見ると、木の蓄積量は1995年の35億㎥から2002年の40億㎥へと、7年で5億6000万㎥も増加し（引き算の結果と一致しないのは四捨五入の丸め誤差による）、統計上は毎年8000万㎥ずつ増え続けていることになる。この数値からも、日本ではいかに木を切っていないか、森を放置しているかが分かる。

世界の森林問題が「木を切りすぎる」ことならば、我が国の森林問題は「木を切らなすぎる」ことであろう。ちなみに2005年の我が国の木材総需要量は丸太換算で約8700万㎥で、近年およそ9000万㎥前後を推移している。我が国は世界有数の木材消費国だが、その数字だけみれば、森林資源を減少させず、国内で毎年自然に育つ増加分だけで、莫大な国内需要量をまかなえそうなぐらいだ。国内で持続的な利用にたえる資源は、この森林資源と水資源ぐらいではないだろうか。

しかし、木材自給率はたったの二割である。国内の素材生産量（木の生産量）は１９６７年の５２００万m³をピークに、その後、ずっと減り続け、２００５年には１６００万m³にまで落ち込んでいる。国内資源の扱いもままならないまま、海の向こうから、木材を大量に輸入しているのだ。

国土の三分の二を占める２５００万ヘクタールの森林は、天然林53％、人工林41％で構成される（残りは無立木地や竹林）。この人工林を蓄積量で見ると杉・檜・松だけで人工林全体の九割を超える。さらにはこの杉・檜・松の、木の年齢で言うと七齢級から九齢級（31年から45年。木は植えてから五年生までが一齢級といった具合に数える）の蓄積（容積）が、三種全体の五割を超える。戦後の拡大造林で植林された木がいかに多いか分かるだろう（林野庁調べ２００２年の数値から算出）。

日本は、気候条件が厳しく樹種が限定されてしまう寒冷地のタイガ（針葉樹林帯）ではない。我が国は温暖湿潤で、自然は多様であり、もともと本州や四国、九州は多彩な広葉樹林が多かったと言われる。それを針葉樹の杉・檜・松で覆いつくし、なおかつこれに手が入っていないのである。

植物生態学の研究者の話も合わせると、挿《さ》し木は、いくら優れた性質を持つ木から取ったとしても、一種のクローン的なものである。そして実生《みしょう》（種から発芽生育したもの）より弱い。形質をそのまま伝えたい名木（北山杉など）を手塩にかけて育てるならともかく、ひとたび病虫害等が発生すると、一斉に被害に遭う可能性もある。実際、同種の杉が植林され、その辺り一面が枯れた山林を見た事がある。また現場の技術者で、人工林率がある割合を超えると山が自然災害に弱くなると教えてくれた人もいる。

戦後の人工林造成は1000万ヘクタールに及ぶ。我が国の総面積3800万ヘクタールから考えると、国土の四分の一以上が人工林になった計算になる。1000万ヘクタールとは、北の青森から順に本州の面積を拾っていくと、東北地方と関東地方、さらに山梨県まで塗りつぶしてもまだ足りない広さである。この木々が伐期を迎えている。どのようにしてこの人工林を伐採していくのか、日本は林業史始まって以来の試練を迎えている。国は2000年から緊急の間伐事業を始めており、森林を整備するための目的税を条例化した自治体が2007年度までに二十三県に及ぶ。

大量密植した人工林を放っておけば、災害の原因にもなりかねない。陽が差さなくなった森は、下草も生えず、木の根も浅く、ひとたび雨が降ればごっそり流れ出る。これを現場では「山抜け」と言うが、一度山抜けすると数十年、いや百年は元に戻らないと言う。天災が相次いだ2004年の林野災害被害額は約3400億円と公表されており、過去十年で最高を記録した。立木が風で倒れる等の森林の被害面積はおよそ5万ヘクタールに及んだ。手入れ不足だけが原因ではないが、木の根が浮き上がった森や、雪害で梢《こずえ》が折れた木々が立ちつくす山を見れば、どのような惨事が起こっても不思議ではない。（木が増える量＝成長量を伐採量の目安にすることがある。林業の盛んな北欧やオーストリアでは成長量の七割程度を生産している。）

毎週どこかで誰かが亡くなっている

林業作業者は、国勢調査に「伐木夫」などと詳細に職業区分されていた1965年の22万人から、2005年には5万人にまで激減している（2005年の農林業センサスでは、年間150日以上林業に従事している者を恒常的な林業作業従業者とみて、その数を4万8000人と記している。この他に国有林で現場作業等にあたる定員外職員が2000人ほどいるが、現在国有林では、伐採・造林などの事業をほぼ100％民間に委託している）。国土の三分の二、2500万ヘクタールもの森林を守り育てているのは、日本の人口の0・05％にも満たない、わずか5万人ほどなのだ。

この5万人の中から、年間二千数百件（2003年2564人、2004年2385人）の労働災害が起こり、そのうち約50人（2003年55人、2004年44人）もの人が命を落としている。林業の現場では、毎週どこかで誰かが亡くなっている事になる。

林業の作業では、チェーンソーによる木の伐倒がもっとも危険で、ひとたび労災が発生すると死亡事故につながりやすい。まかり間違えば、一本数百キロの生木が自分の身に倒れてくるのである。そばで見ていても、いつも危険に身構える一瞬がある。

我が国のものづくりは既に「量」「速さ」「安さ」では他国に譲り、その国際競争力の源泉は、「日本にしかできない独自性」の領域に移っていると思う。我が国の産業の多くは、「生産性」の次のレベルで勝負している。しかし林業の現場では、「生産性」そのものも低いうえに、そのかなり前段の問題すら解決されていない。つまり作業者の死傷に関わる「安全性」の確保である。

生産性は欧州の十分の一

参考までに、欧州先進国と伐倒《ばっとう》から集材、造材までの生産性を比較してみよう。緩傾斜地で林業を営むスウェーデン、フィンランドの伐出《ばっしゅつ》コストは10ユーロ（1500円。

1ユーロ150円で計算）／m³程度で、比較的急傾斜地であるオーストリアでも主伐で12〜30ユーロ（1800〜4500円）／m³ぐらいである。一方、我が国では7000円〜1万1000円／m³にもなる。

また一人が一日に生産する量を見ると、北欧諸国では1950年頃にはおよそ1・5m³／人日で、日本とそう違いはなかった。しかし2000年には30m³／人日にも達し、林業の高度化が進んでいる。片や日本は今でも3〜4m³／人日ほどである。収穫している木材の細さや計測方法の違いもあるだろうが、数値だけで見れば生産性に十倍もの違いが生じている。

この格差は、戦後五十年ほどの間に開いたものである。欧州の先進国は研究開発を積極的に実施し、林業の機械化を進め、それと共に山林所有者の共同体化などのソフト政策を進めてきた。その結果、欧米では今となっては我が国とは比べものにならないほどに林業が盛んである。例えばマイクロソフトの本社がある米国ワシントン州では、林業が五大産業のひとつとなっているほどである。

さらに林道密度であるが、比較的平坦なドイツでは1ヘクタールあたり118mにも及ぶ。欧州の中でも急峻なオーストリアでは国有林で約32m、民有林では約49mも整備されている。それに比べ、我が国の路網密度は16mにしかならない。林道台帳に正式に記録されている林道は5mで、これに市町村の公道など8mと、恒久的ではない作業道3mを足し合わせてやっと16mである。市街地の道路整備は進んでおり、一見社会基盤は十分に整備されているかのように見える。しかし一歩山の中に踏み込めば、道なき道を行かなければならない。

林業に従事する人たちは、簡易な作業路さえもない所に、地下足袋《じかたび》で細い道をつたい、長時間かけて現場に向かう。私も一緒に山中に入り調査を行っているが、林業機械のデモが行われるような条件の良い場所は限られている。熟練した職人が木に楔《くさび》を打ち込む音が、緑の深い静まりかえった森の中に響き渡り、最後にみしみしと音を立てて巨木が倒れる瞬間は息を飲む。今でも多くの現場は幽谷の地である。

高性能林業機械は増えているが……

林業の機械化と言えば、鋸《のこ》が「チェーンソー」に、鎌《かま》が「刈払機」に、鉈《なた》が「枝打機」になった事だと、大半の現場では言われている。

1990年代に海外から高性能林業機械が入ってきたが、これらは、なだらかな丘陵地で大規模林業を営む欧米で活躍する大型重機だ。高性能林業機械が活躍する場は、日本の山の中ではまだそう多くはない。現場にはチェーンソーなどの在来型機械と、その対極とも言えるこの高性能林業機械しかない。

ところで、高性能林業機械は一台数千万円するものであるが、その総数は1990年の167台から、その五年後には1200台を突破し、2004年には2700台に達した。そのほとんどは補助金を利用して購入されたものである。

この高性能林業機械の台数を考えるため、オーストリアで行った調査を紹介したい。我が国の素材生産量（木の生産量）は1500万m³／年で、オーストリアの1700万m³／年を下回っている（2004年）。しかし、2004年のハーベスタ（木をつかみ、切り倒して、枝を払い、玉切《たまぎ》る自走式機械）の普及台数は、我が国の433台に対して、オーストリアではその三分の一、140台である。この140台すら、政府担当者は既に「多すぎる」と言っている。必要以上に購入され、使われずに倉庫に保管され続ける状態を、その行政官は「機械のお墓」と表現し、これを避けたいと言った。

この他オーストリアではフォワーダ（木を積み、運ぶ林内運搬車）が180台程度、普及台数が多いものではタワーヤーダ（架線を張る柱を装備した移動可能な集材車）を挙げることができるが、とにかくこの手の高性能林業機械の総台数では、我が国が圧倒的に勝っている。外材の高騰で我が国の素材生産量は増加傾向にあり、2005年で1600万㎥と前年よりも増えたが、この年にハーベスタは442台、フォワーダ722台、プロセッサ（伐倒された木をつかみ、枝を払い、玉切る機械）1002台、スイングヤーダ（バックホーに架線集材の機能がついた機械）340台、タワーヤーダ174台となった。

車両系の高性能林業機械は、起伏が少なくなだらかな森でこそ、その機能を十分に発揮できるメカである。オーストリアは面積で見れば北海道ぐらいしかないが、欧州でも比較的急な山の多い国である。日本の山林はそのオーストリアよりさらに険しく、林道密度も低く、一回の作業ロットも小さい。日本におけるこれら重機の使用条件は非常に厳しい。またメカに疎《うと》い高齢者が多い中、この高性能機械をフルに使いこなせる者は限られている。日本では高性能林業機械の台数が増加している事を実績のように評価する向きがあるが、実際の所、どのように使われているのだろうか。「欧米で高い生産性を上げているから」という理由で、そのままその大型重機を持ち込んでいるきらいがある。高性能林業機械が増えるように、木の生産量が増え、作業現場での死傷事故が減ったのだろうか。

オーストリアでは、2002年からハーベスタの補助金は廃止されている。オーストリア九つの州のうちもっとも林業が盛んなシュタイヤーマルク州では、ハーベスタだけでなく全林業機械購入への補助を廃止している。例えば補助で購入した機械を用い、さらに間伐作業に対して補助を出すと二重に補助したことになり、EUでは問題となる（補助金制度については、第三章に記す）。

日本の技術力は森の中で消えた?

我が国に話を戻すと、チェーンソーなどの在来型林業機械の数は、64万台（2003年）である。以前に比べればその総数は減っている。在来型機械の中でも、ラジキャリー（架線上を走行し、木材を吊して運搬する搬器）は最近まで普及台数が増えている。ちなみにチェーンソーは2003年には27万台である。林業作業従業者なら誰しも持っている機械であり、山にたまに入る人でも扱える便利なメカだ。今でも現場の主力は、昔から広く使われてきた在来型機械だろう。チェーンソーが優れた機械である事には間違いはないが、この伐倒作業で労働災害が多く、死亡事故の三分の一以上がここで発生している。

車両系重機では、太刀打ち出来ない場合も出てくる。今でも巨木の伐倒は熟練者がチェーンソーを使って対処する以外にない。また、日本の林業から架線集材（線を張ってそこに木を吊り下げて山から里に木を出す集材）の必要性はなくならない。重機が入らない山奥や急峻な斜面、大径木《だいけいぼく》の搬出は架線集材に頼らなければならないだろう。架線集材の技術者は減少し高齢化しており、その技術者、作業班の育成も求められる。車両系だけではなく、架線系作業の技術開発も重要だろう。

研究開発が全く行われていないわけではない。林業機械の開発に取り組んでいる奇特な企業も、あることはある。しかし、他産業とは比べものにならない。日本発の林業機械はスイングヤーダやラジキャリーぐらいであろう。我が国で作られる機械は、外国の模倣や他産業からの転用が多い。林業純正ではなく、もともと他産業用に開発された既製品を林業用に改良し、それらを寄せ集めて構成されている事が多い。これだけ林業が低迷している中では仕方のないことかもしれない。

しかし、北欧が林業専用に開発したハーベスタヘッド（写真参照、木を掴んでいる部分）を目《ま》の当たりにすると、我が国の技術開発へのエネルギーは林業には振り向けられ

作業中のハーベスタ。
木を摑んでいる部分がハーベスタヘッド。

ていない、と思ってしまう。フィンランドでは林業の高い生産性を実現した上で、さらに環境保護を目的に六足型ロボットを開発した事もある。

林業は自然を相手にする産業であり、それぞれ国により事情が異なる。我が国では、地形や所有の問題が取り沙汰されるが、これらは他の国も持っている課題であり、林業の固有性を誇示するファクターではなくなってきている。むしろそのソフト、ハードによる解決方法に、その国家ならではの創意工夫が見られる。各国で一工夫凝《こ》らした取り組みがなされており、これが先進諸国の林業を特長づけているのである。我が国では、急峻な地形や零細な所有が、何ともし難い日本林業の特徴のように語られるが、この言い訳は世界では通用しないだろう。

情報関連にも言及しておきたい。日本は、国産材の流通システムがほとんど整っておらず、伐採された木材は原木市場で右往左往している。電話一本で入荷する外国の木材の方がよほど流通が整っている。地域により違いもあるが、どこにどのような森林資源がどれだけあるのかも正確には分かっていない所も多い。荒廃林もしかりである。数値も推計の推計であったりする。さらには作業現場では携帯電話もほとんど通じない。森林組合などが無線のリピーターを設置している地域を外れると、連絡さえできなくなる。

労働災害発生時にはこれが命取りになる。山中は今でも陸の孤島だ。

幽霊山林

木を切りたくてもその山の持ち主が分からず、その土地の長老達に尋ね歩く。未《いま》だに、そんな山林が日本に存在している。

我が国土の過半は、未だに不詳である。地積調査や土地分類調査などをひっくるめて「国土調査」と呼ぶが、これが終わっていない。いや、それどころか半分にも達していない。２００６年で47％である。ちなみにこのパーセンテージから国有林や湖沼等は除かれている。国土調査のホームページを見ると、全国のワースト一位は大阪府２％、二位は京都府６％、三位は三重県７％であった（％は地積調査の進捗《しんちょく》率）。先進諸国で、これだけ地籍が分かっていない国も珍しく、下水処理施設の整備状況の遅れに並ぶワースト記録である。

この地籍調査では主に土地の境界線などを調査している。つまり所有区分などがはっきりしない土地が国土の半分以上ある。森林の所有者ぐらいは分かっているのではないかと思うだろうが、そうでもない。持ち主の特定は、登記簿に十八番《おはこ》を譲っている。登記簿に書かれている人名が、とうの昔に亡くなった人物のままということもある。子供達があっちの山、こっちの山と分けて相続している場合もあるだろうし、実は借金の形《かた》にとられたなんてこともあるだろう。それに国土調査が終了していない土地の登記所の公図は団子図（場所を示した程度の図）が多いのだそうだ。現況と一致するものでは到底ない。登記簿に記録されている土地の面積を足し合わせても、その広さでは日本地図はまったく完成しないらしい。

登記簿に記された地籍より実際の土地の方が広く、これを縄延びと言うが、登記簿より小さいことはあまりない。幽霊山林と呼ぶところもあるそうで、実質面積が登記簿上の実は二倍も三倍もあったりする。まだほかに土地課税台帳もあるが、ここで新しい地図を作っているわけではない。これを見れば、納税者が分かるかもしれないが、個人情報保護法で都道府県でも見られないと聞いた。

このほかに森林簿や施業図というものも作成されている。この主眼はこの森は杉なのか、何年生の木が生えているのか、つまり森林資源状況の把握である。所有を示す目的で作られているのではなく、森林資源を示したものである。

つまり、調査資料はいろいろ作成されているのだが、どこまでが誰の山林なのかを教えてくれるものがない。森林簿をもとに森林組合等が所有者の特定に奔走している所がある。しかしこれは、あくまでも聞き取り調査である。そこで大体誰が持っているか分かったとしても、所有者が隣県へ行った、東京へ行ったとなると、これまた大変である。遅々として進まない。気の遠くなりそうな作業である。

日本の場合、山に立っている木は庭木と同じである。所有者の同意がなければ一本たりとも切ることはできない。たとえ荒廃林でも、所有者の許可なくば実際には立ち入ることもできない。

森は小さな私有財産の集まり

林家《りんか》（ある広さ以上の森を持っている世帯）の保有山林規模を見てみよう。保有山林規模1ヘクタール未満の値が、最近は公表数値には加算されていない。そこで1990年に記録された1ヘクタール未満の145万林家を無視する訳にはいかないので、その時点までさかのぼることにする。251万の林家が、675万ヘクタールを所有している。小さい順に積み上げていくと、5ヘクタール未満が林家数で89％（面積で32％）、10ヘクタール未満が林家数で95％（面積で47％）、20ヘクタール未満が林家数で98％

(面積で62％)になる。いかに所有形態が零細か分かるだろう。林業は、私有権の強い日本で、規模の小さい、個人の財産が集まったものが資源である。それを産業として成立させる事がいかに難しいか、想像できるだろう。

林家が所有する675万ヘクタール以外は、会社や社寺、共同体、市町村や都道府県、国等が所有している。私の知り合いでも、いろいろ調べていたら1ヘクタールほどの山持ちであることが最近判明した人がいた。所有者本人が所有山林の存在を知らなかったり、忘れてしまっていたりするのだ。林業の補助金をもらうために、その都度、山では実測が行われているが、これが国土調査に反映されるということもない。

昔ながらの林業地では比較的所有者も分かっているようだ。地域差もある。データにも差があり、補助金をもらうために何本植林したかまでデータが残っている地域もある。一方で、植林した時はいいが、木が大きくなると境界が分からなくなるとも言う。それほど山に人が入らなくなった証拠でもある。

その土地の長老達の中に、山林内の所有者や所有境界を記憶している人がいる。もちろん彼らが記憶しているのはこれだけではない。彼らは、元来自生していた樹種や、どこにどのような木を植えると育つのか、どう切っていけば良いか、崩れやすい場所はどこか等々、言葉や数値にはならない貴重な知識や知恵を持っている。これが失われようとしている。

また、木を切るにしても、条件によってさまざまな切り方がある。大径木だと高性能林業機械では木をつかむこともできず、ベテランの技術者がチェーンソーを使い伐倒する。「立ちくずし伐倒」といって、巨木を上から少しずつ切り落としていく方法もある。こうするしか他に切りようがない場合もある。立ちくずし伐倒の技術を持つ者も、もう片手で数えるほどしかいない。全国各地にその土地独特の伐倒方法があるが、これらが記録映像の中でしか見られなくなるのも時間の問題だろう。

昔から続く林業地で名木が育てられるのは、自然環境が良いだけでなく、歴史が刻んだ経験と勘をその土地の人々が伝承しているからである。また自らが現場で感じ、経験しなければ、受け継いでいく事ができない事も多い。地図上で色分けできたところで、森をつくり、守っていくことは難しい。

こちらの山では正解であっても、川を越えるとそれは間違いなんてことは、この世界ではよくある。同じやり方が通用しない。二つと同じ自然はなく、森も木も決して同じようには育たない。

森も木も生き物である。互角に付き合うには、同じ生きとし生ける者として感性を研《と》ぎ澄ますしかないだろう。

何のための行政か、何のための研究か

早稲田大学では森林と林業のためのロボットを開発している。このうち森林作業支援ロボットWOODY《ウッディ》は、2005年に開催された「愛・地球博」でご覧になった方もいらっしゃるかもしれない。万博に出展したWOODYは、次世代ロボット実用化プロジェクト（新エネルギー・産業技術総合開発機構の事業）に採択され、制作し、同博のロボット週間にはモリゾー・キッコロメッセで毎日デモンストレーションも行った（研究代表者は早稲田大学・菅野重樹教授）。

余談だが、筆者は一私企業の研究員として、まだ「愛・地球博」という名前もついていない構想段階に、この調査事業に参加させて頂いた事がある。それからも何かとご縁があり、この万博への遭遇が最後となった三回目は、WOODYの出展者の一員としてであった。会場がまだ底冷えする三月の内覧会から説明に立ち、会期を通して足を運び、パビリオンで流すための研究開発の経緯を紹介した映像も制作した。

三回とも立場も役割も全く異なり、仕事は次第に外から会場の中に入り、段々とその内容も泥臭くなっていった。三回目のタスクでは、多くの関係者と「万博を成功させる」という目的を共有した。皆で描いた計画を、皆で実現していく事になる。現場の一当事者として、失敗に悲壮感と責任感を感じ、無事終了した達成感も感じた。やはり現場での経験は、何ものにも代え難い。

このWOODYはNHKを始め、様々なテレビに出演させて頂き、各地のイベントにも呼んでいただいた。現在、開発はほぼ休止しているが、最近もテレビ局の取材を受けたばかりである。ロボットがそのアーム（腕）で木に抱きつきながら登っていく姿を、記憶のどこかに留めていらっしゃる方もおられるのではないだろうか。

何でWOODYは人気があるのか？　WOODYが動く姿を見れば、林業の素人でも、これが実際の作業現場で役に立つ水準に達しているとは思わないだろう。確かに、動きが面白いこともあるが、その理由は、大学人が分かりやすい形で、現実の社会で起こっている問題にコミットしようとしているからではないだろうか。我々が「現場」で起こっている問題を実感として理解し、それを何とかしなければならないと感じているのが伝わるからではないだろうか。

行政官も研究者もみな「現場の人」

林野庁の方々が、筆者の話を聞きに来られた事がある。現場調査を中心に研究の報告をした。話を聞き終えた担当官が「生々しいお話で」と感想を述べられた。このリアクションを、もし海外で会った研究者や行政官が聞いたら、「一体あなたは何の仕事をしているのですか?」と驚いたに違いない。日本の官僚組織の下で、彼らもこんなつもりではなかった仕事に忙殺されているのだろう。

少なくとも筆者が知遇を得た海外の行政担当官も研究者もみな「現場の人」であり、その渦中の人である。どうしたらその問題を解決できるのか、みな自らがその主体者となって取り組んでいる。蚊帳の外から眺めて斜に構えている者は、仕事も研究も成り立たない。日本のように、現場からの意見徴集は形ばかりで、業者に手伝ってもらいながら、数年経てば移動になる行政担当者が中心となって計画を立てることなど、彼等の国では考えられないだろう。

海外調査で折に触れ尋ねると感じるのだが、意志決定や計画策定のプロセスの質が日本とはかなり違う。ヨーロッパでは逆に、行政担当者がその道のプロすぎて、周りがついていけないという話を聞く事もある。海外で調査をしていると、現場の技術者達が、国や州の誰がこの新しい事業を担当し、責任を取っているのか知っている事すらある。そしてその人を尊敬しているのである。

さて、WOODYの研究開発に話を戻すと、一番の特徴は、「それを専門にしている研究者が一人もいない」ことであろう。得意分野はてんでばらばらである。問題解決を目的に、異分野の研究者達が、自分が持てる技術や知識を持ち寄って活動している。最近の言葉でScience for Science（科学のための科学）かScience for Society（社会のための科学）かと問われれば、明らかに後者である。そう簡単に一刀両断できるものではないが、実学寄りの筆者の分野では、研究者に両方のセンスが求められている。

研究者も将来が不透明な職業である。学問の敷居や縦割り行政の厚い壁を叩き壊してまで、活動する余裕のない境遇にある。それでもなぜ取り組むのかと言えば、それは具体的な相手が見えるからかもしれない。相手とは国土の七割を占める森林の大問題であり、この問題に取り組んでいる人達であり、そして実際に山に入り、森を守っている人達である。なかなか的を射た開発ができず、形となったものもそう誇れるものではない。しかし卒業していった学生を含め、このプロジェクトに携わった者は、現場から多くの事を学んでいる。「すべてほんとうの知識はその源を直接の経験に発しているのである」と言ったのは毛沢東である。現場での経験を通じ、他人事ではなく、自分の問題として感じ、自分に何ができるのかと自問する。

近年の社会問題の中でも特に環境問題に言えることだが、現場へ行かず、現実を見ず、役所や学問の領域にこだわっているから、難題がより厄介になっている感もある。審査に通ることで満足してしまう論文や、本棚にしまった途端に誰も読まなくなる調査報告書、当たり障りがなくてどうとでも解釈できる行政文書の形式に、大事なエネルギーを奪われてはいないだろうか。「何のための研究なのか」「何のための行政なのか」「今やっている仕事は何のためなのか」と自分に問うた時に、問題解決への近道が見つけ出せるかもしれない。

森と木が教えてくれる事

森に分け入るために人が歩いて作った小道を、半時間ほどつたい、辿りついた所は、深い森がうっすらと高い空にひらけた場所であった。木々が浄化した空気が静かに降りてくるのを感じるような、森の中である。伐採師はそこで巨木を倒木するため、チェーンソーで受け口と追い口を入れ、最後に楔《くさび》を入れ、そこに与岐《よき》を打ち下ろす。しかし木は、そう簡単には倒れてはくれない。人の思うようには決してならない相手である。

伐採師は再び木を見つめ、その性格を読み直し、またチェーンソーを入れる。ついに倒れる時には、人の人生より長い樹の一生が、一旦幕を下ろすのに相応《ふさわ》しい雄大さがある。1トンもの樹が、地上数十メートル先にある空を梢で切り裂いて、轟音《ごうおん》と共に倒れる。林業は自分の思い通りには到底ならない自然相手の仕事である。伐倒《ばっとう》の現場を見た学生は人生観が変わると言った。彼らはただその勇壮さに目を見張っただけではなく、人知の及ばない自然と付き合っていく人の姿に驚いたのであろう。

アスファルトの都市に暮らせば、柔らかさを感じる土を見る機会も少ない。東京には漆黒《しっこく》の夜も来ず、空も小さな窓に切り取られた絵のようだ。人工物に囲まれていると、すべては人の思うようになるのでは、という錯覚も覚える。人とうまく付き合うことを知らず、自分の気持ちをいなす事なく、それが怒りに変わることもある。動植物の世界では生物多様性の大切さが言われているが、人間も相手がいなければ、自分の存在も怪しくならないだろうか。子供達がゲームやテレビドラマに心を奪われ、虚実ないまぜになっていると憂《うれ》える人がいる。しかし、始終パソコンに向かい、人為がつくった虚構の世界に囚われる我々大人と何が違うのだろう。生きているモノとのつきあい方を忘れてしまいそうだ。

林業では毎年五十人ほどの人が亡くなっている。自然を読み間違えれば自分の命が危ない。そこに生きている相手は自分の思い通りにならない。相手とは、森であり、木であり、そして人でもある。相手の立場で思い、考えることを知らなければ、その関係はいずれ破綻し、傷つくのは自分自身であろう。木は厳しい環境下で力強く育ったものほど、良質な材となる。森の中に入れば、様々な実体験から来る、見えないモノを思う想像力、理解できない、共感できないモノへの思いやりや温かさ、尊敬の念、そんな事を木々達が我々に教えてくれるのかも知れない。

山中で、林業の作業現場を見た学生は、また森へ行きたいと言う。自分の五感を通じて森と木を理解し、何が問題で、自分は何をすべきか、自分には何ができるのかと、心の中に育《はぐく》まれるモノがあるのだろう。これまでの自分に得られなかった何かが、そこでは得られるのかも知れない。「教育とは、学校で習ったすべてを忘れたあとに残るものをいう」とは、アルバート・アインシュタインの言葉だ。たとえ彼らが、森や木とは縁もゆかりもない所へ就職したとしても、仲間と入った、森の奥深くで学んだ事は、彼らの心に一生残るだろう。

第二章　日本の木を使わなくなった日本人

「木造住宅文化」を育んだ富山の惨状

富山に入ると、瓦が銀光りし始め、木の構造材があらわになった大きな木造住宅が目立つようになる。富山の木造住宅は、無垢《むく》の大径木を擁《よう》し、枡目《ますめ》に組まれた木の構造を覆い隠すことなく魅せてくれる。なだらかな切妻《きりづま》の屋根の下、格子状に組まれた木の梁《はり》や束《つか》、貫《ぬき》がくっきり姿を現している。木の架構《かこう》が見せるダイナミックな力の流れが、やわらかな白壁に映える。「アズマダチ」と呼ばれるこの民家が、「カイニョ」と呼ばれる巨大な屋敷林に取り囲まれて、鏡のような水田に映《は》える。どこまで行っても白く光る水面《みなも》に、カイニョに囲まれたアズマダチの民家が点在して見えてくる。この風景が「散《さん》居村《きょそん》」であり、我が国を代表する田園風景の一つとして知られる。

散居村は、富山の人々の「故郷の風景」でもあろう。このアズマダチの住宅の中心に

富山の「アズマダチ」

は、ご当地で「ウシ」や「ハリマモン」などと呼ばれる巨大な無垢材で組まれた広間が陣取っている。これが富山の「枠《わく》の内《うち》造《づくり》」である。

富山は豊かな木造住宅文化が育まれた地である。持ち家率日本一、一住宅あたりの延べ床面積も日本一、そこに使われる木材も全国平均より多い。また富山湾沿岸には大規模製材工場が立地し、大量の木材を消費している。富山県内で消費される木材は年間100万m^3前後を推移しており、林業県である岐阜や長野の30〜40万m^3に比べても、その多さが分かる。

富山は県土の67％を森林が占めており、人工林に占める杉の割合が93％と高い。人工的に植えられた杉は、建築用材として使われる事が前提にある。ここまで聞けば、富山では林業も盛んなのだろうと想像してしまう。しかし、この地場の木材産業と、すぐそばにある森林との関係は、いまやほとんどない。富山の森はすでに林業の対象ではなく、公共事業の関心の的でしかないように見える。

国勢調査によれば、林業作業者と分類される人は、富山では1965年の1450人から、四十年の間に163人（2005年）にまで減っている。1964年に26万m³であった素材生産量（木の生産量）は、1975年には8万1000m³、2003年には3万6000m³へと底を打った。取引された木材の七割近くは針葉樹だが、そこに木材価格をかけてみても四億円に達しない（近年は外材価格の高騰を受け、素材生産量は若干増加傾向にはあるが）。この素材生産量の数値は全国ワースト六位である。富山の下に並ぶのは東京や神奈川、大阪、沖縄などである。

富山の森林資源は減っているのではない。むしろ増え続けている。森林の単位面積あたりの蓄積量（容積）を見てみよう。木の年齢や樹種をおしなべて、人工林の密度で比べると、統計上、岐阜は200m³／ヘクタール、長野は161m³／ヘクタールであるが、富山は286m³／ヘクタールに達する。

林業より公共事業

林業の激しい衰退に比べ、公共事業費の桁《けた》違いの規模に目が行く。総務省が出している報告書に「行政投資実績」というものがある。森林に関係のありそうな項目を拾い出してみよう。素材生産量が最低を記録した２００３年で、富山の林道事業は62億円、造林事業14億円、砂防事業２００億円、治山事業67億円で、総額３４３億円である。これとは別に河川事業２４６億円があり、それを合わせると５９０億円になる。

すべて森林に限った事業ではないが、百億単位では分かりにくいので、林道と造林、砂防、治山を合わせた四事業の合計を森林面積で割ってみる。富山は１ヘクタールあたり14万円になる。この数値を周辺県と比較すると、長野５万円、岐阜６万円、石川８万円、新潟６万円となる。ちなみに全国平均は５万円だ。

これらの事業費が富山でピークを迎えた１９９９年には、林道98億円、造林18億円、砂防２４７億円、治山94億円で合わせて４５６億円（加算値が合わないのは丸め誤差による）、森林面積で割ると１ヘクタールあたり19万円の公共事業費が注ぎ込まれた。見方を変えると、１９９９年から２００３年の四年間で、４５６億円から３４３億円へと

113億円減少したとも言える。

その昔、オランダ人技師ヨハネス・デレーケが、常願寺川を見て「これは川ではなく滝だ」と言ったほど、3000m級の山々から流れ出る富山の川は急流である。大量の崩壊土砂を抱えた立山カルデラや昭和初期に完成した白岩砂防堰堤《えんてい》も名高い。富山で治山治水の重要性が高いのは確かである。しかし、近年になって事業費が激減したのは、事業の必要性が減った為なのか、それとも、やりくりすれば節約できるものだからなのか。

参考までに全国の数値を挙げておくと、2003年は林道2589億円、造林1204億円、砂防5168億円、治山3060億円で、1999年は林道4110億円、造林1582億円、砂防7632億円、治山4653億円である。

富山に比べ、明らかに長野や岐阜の方が林業が盛んである。しかし林道密度を見ると実は富山の方がずっと整備されている。富山の民有林では1ヘクタールあたり10m近い林道が整備されているが、長野は7m、岐阜は6mである。

林道は造りにくい。造っても壊れやすい。そして下手に造ると山が荒れる。日本の林道密度が非常に低いことは紹介したが、数値比較ではなんとも言えない所もある。そのため日本では、昔は特に架線集材がさかんであった。何の目的でどの程度の道を、誰がどのように整備、維持管理するかも重要だろう。

北米や欧州では森がなだらかな丘陵地にあるためか、山林関係の公共事業について尋ねても、なかなかこれが通じない。森は生産活動を通じて持続的に維持できるのに、なぜ公的資金を費やすのかが彼らには理解し難いのである。確かに災害関連の費用はある。しかし、山が比較的急峻なオーストリアでも、我が国で山に投じられる莫大な公共事業費は理解されなかった。

大雨や大雪が降っても被害の規模が抑えられているのは、公共事業のお陰であろう。雇用も生みだし経済効果もある。だから、公共事業が一概に悪いわけではない。しかし、富山の森から生産される木材は年にわずか4～5万m³で、販売額を推計しても億一桁台である。これとは二桁違う公共事業が行われている。

さらに富山では、2007年から「水と緑の森づくり税」が導入され、年に市民一人あたり五百円が徴収されている。その税収規模は二億七千万円である。これは林道や造林といった、森林に関係する公共事業費の年間増減幅に収まる規模である。

県産材のシェアは5％以下

さらに、富山でわずかに切られる木も、その約半分はチップ・パルプ行きである。数年前に調べた時、富山の木材流通でもっとも大きいロットは、個人が伐採してチップ・パルプ工場に直送されるものであった。建築用材として伐出されても森を再生する為の植林費が出ないと騒がれているのに、チップ・パルプで取引される木材はもっと安い。さらに言えば、パルプに適すのはむしろ広葉樹、その多くは天然林である。

富山は年間１００万㎥の木材を使う大消費地であるが、その90％以上は外材でまかなわれており、片や県内の木材需要に対する県産材のシェアは5％を切る。外材依存率の高さと県産材自給率の低さは全国で首位を争う。ハウスメーカーが使用している木材を調べたが、その八割以上は外材であった。国産材は和室の見えがかりに限定され、全体の二割を切り、県産材に至っては数％のオーダーである。木造住宅において、その姿を留める国産材に会う方が珍しい。

これだけの木材を消費する富山で、量だけ見れば有り余るほどの木材資源を背後に有しながら、それとは無関係に麓《ふもと》の産業は営まれている。富山では「木は海から取れる」と揶揄《やゆ》されるまでになった。その一方で、伝統的な木造建築構法を継承する大工棟梁《とうりょう》達は国産材を求め「木がない」と言う。

屋敷林のカイニョには、男の子が誕生すると真っ直ぐ育つようにと杉を植え、女の子が生まれると桐を植えたそうだ。もちろん枠の内造の材料となる欅《けやき》も育てられた。いつか建築用材や家具として使うためだ。地場産業は、往々にして地域資源をうまく使い、当地の気候風土にかなった形で育まれてきた。その集積が地域の文化や景観を生み出してきた。

問題は衰弱しきった林業だけではない。里の地場産業も危機に瀕している。富山の枠の内造に見る伝統構法は、現行の社会制度下ではその建築すら難しくなっている。技能も継承の危機にある。今さら環境と言われなくても、昔の地域社会においては、森林資源と木材地場産業はその土地固有に形成された持続的な間柄がモットーであっただろう。過去は定かでなくても、少なくとも国土の約七割を占める森林資源にはその可能性がある。

先進国の中でこれほどまでに林業が廃《すた》れ、森林が放置され、木材地場産業が自国の資源との関係を絶った国も珍しいだろう。欧米ではグローバルとローカルを共存させ、自国の資源と文化を守ることに必死になっている。大陸でせめぎあう国々は自国のアイデンティティを守ることが、すなわち民族の存在意義を問うことでもある。

形には意味がある。歴史的景観は長い歴史とその土地の風土がつちかった結晶である。富山県東部の魚津市は蜃気楼《しんきろう》で有名だ。富山で蜃気楼が見えるのは、なにも魚津だけではない。今となっては散居村も、故郷の風景として見え隠れする蜃気楼のようだ。

森の計画は川で立てられている

森の計画は、今でも川（流域）で立てられている。その木がどの流域で生まれ育ったか分かるように、あなたも何流域の住民であるかが分かる。何流域の住人であるかは、正確にはあなたの所へ降る雨が、どの川に流れ出すかで分かる。森から見れば、森に降った雨がどの川に流れ出し、どの流域を潤しているかで判明する。その森に潤された流域に生活の場を提供されているのが、つまりその流域住民である。

全国は、48の都道府県に区分されているのと同様に、158の河川流域、正式に言うと「森林計画区」にきれいに分かれている。これを基に作られるのが、森林法第五条に示される〝森の計画〟（条文の「地域森林計画」）である。

森林法第七条には「森林計画区は、農林水産大臣が、都道府県知事の意見を聴き、地勢その他の条件を勘案し、主として流域別に都道府県の区域を分けて定める」とある。川は行政区域を超えて流れているが、森林計画区は一旦都道府県に分けてから、流域に区分する。また計画区には、基本的に一級河川の名称がついているが、それ未満の小規模河川に流れ出て、直接海に注ぐ地域もあるだろう。都市化が進み過ぎたせいなのか、計画区に川の名前がついていない所もある。制度上、降雨が流れ出る川の流域とは断言できなくて、残念である。

県境を越えた市町村合併を怪訝《けげん》に思われた方もいるだろうが、これを流域でみると納得がいくこともある。人為的に定められた行政区分より、自然により結びつけられた人々のつながりの方が強い証左《しょうさ》であろう。

説明はさて置き、森の計画が川によって定められている事が重要である。それだけ森と川のつながりは深い。その先にある海については言うまでもない。海で魚介類が捕れなくなり、漁師たちが、その海に注ぐ川の水源林に木を植えに行く話は有名である。

我が国は島国であり、列島の背骨に急峻な山岳が走っている。その麓には水源林から流れ出る河川に従って平地が広がり、その先には海が待っている。流域は森と川、そして海が作る自然の循環系の一つと言える。水源林から河川、海に至る自然条件のもと、上流域の農山村から下流域の大都市までが並んでいる（ざっくり表現しているが、もちろん内陸に開けた豊かな土地もある）。見方を変えれば、山を背後に開けた土地に川が流れる地形は、地理風水で言う四神相応の地に似る。太平洋岸にはこれに類似する形の流域がずらっと並んでおり、これが「太平洋ベルト地帯」と重なって見える。これが偶然ではないのは、地理風水が大地をみる術であり、怪しい風聞ではないからであろう。

我が国でこれほどまでに産業が発達し、都市が発展したのも、森と川が織りなす恵まれた地理条件のお陰だと思う。人も生けるものの一つの種であり、生き物である限り自然の中でしか生きられない。蛇口をひねれば水が出てくる生活では、その先に川があり森があるリアリティを感じにくいが、都市住民も大きな自然のカラクリの中で生かされている。

河川流域で地域をとらえると、自然環境に対して行為を行う主体者や、その影響を受ける者が明確になりやすい。森林資源を例に取ると、上流域は人口密度が低く自然を豊かに残す資源の供給側であり、中下流域や沿岸は都市化が進んだ集住地域で、主に資源の需要側となる。流域には、森と川に影響を受けて形づくられた人口や産業等の社会経済的条件が、比較的分かりやすく分布しているようである。

また流域ごとに育つ樹木の種類等にも特徴が表れるのではないかと思う。木々は人為的に植林されたものでも、発芽や生育の過程で周囲の環境を取り入れて、同じ種とは思えないほどに形を変える。そしてその資源を使うために、それぞれ流域毎《ごと》に特徴ある木材地場産業が育ってきたようである。森は林業から始まって、製材や家具木工、建築産業に至るまで裾野の広い地場産業、その産業文化の源である。そういった産業文化の集積が、地域に残る美しい歴史的景観を創って来たのだろう。

岐阜の山林は全国の縮図

こういった関係を岐阜で調べてみた。岐阜は木の国、山の国と歌われ、総面積の82％を森林が占める。岐阜県は五つの川の流域に分けることができる。五流域とは、飛騨高山の宮・庄川流域、檜で知られる東部の木曾川流域、飛騨川流域、南に移って長良川流域、そして西部の揖斐《いび》川流域である。大まかに言うと、岐阜北部では広葉樹が多い。南部では比較的針葉樹が多く、さらにそのうち東側は檜、西側は杉が多い。

①飛騨地方である宮・庄川流域は、天然広葉樹が多くを占め、森林面積の半分を優に超

える。元々自生していたこの広葉樹をもとに、家具・木工産業が始まった歴史がある。街路には赤松（針葉樹）が見られるが、虫害予防のために皮が剝《む》かれ、丁寧に剪定《せんてい》されている。民家の構造材にもこの地場産の赤松が使われていた。いまだに生活の中でも森や木を身近に感じられる地域である。ここは森と木とその産業文化、技能の歴史が岐阜でもっとも古い。租庸調の代わりに大工技能を納め、都の造営にあたった歴史があり、大工発祥の地とも言われる。

高山が江戸時代に天領になった理由の一つに「飛騨の良木」がある。長い歴史を背景に、森や木に対する見識や職能が高い。秋に紅葉が美しい山からは良材が取れると考えられており、逆に常に青々とした杉や檜ばかりの人工林は、この地域では「おおぞい山（悪い山）」と言われ、治山治水にも劣ると思われている。山が険しく植林が難しかった事もあるが、全国一斉に行われた拡大造林時にも人工林を積極的に植えなかった地域でもある。しかし、量から見れば十分な資源も、広葉樹の過伐や針葉樹の造林でも需要を賄《まかな》うことができず、家具用材も海外からの輸入材にとって代わられつつある。

②木曽川流域は、もともと檜が自生する歴史的な林業地であり、民有林に占める人工・

岐阜の五流域
富山県
石川県
宮川
庄川
宮・庄川流域
高山
福井県
飛騨川流域
岐阜県
長良川流域
下呂
長野県
郡上八幡
長良川
飛騨川
美濃市
揖斐川
滋賀県
岐阜
美濃太田
木曽川
中津川
木曽川流域
大垣
多治見
揖斐川流域
三重県
愛知県

天然檜の面積は四割に及ぶ。伊勢神宮の御用材となる木曾檜の産地を、県境を越えた上流に控えている。当地も「東濃檜」と銘打って、地元資源をブランド化している。またこの地場材を使った「産直住宅」を、全国に先駆けて唱えた地域の一つでもある。元来資源に恵まれた所であるが、その資源を生かすため、地場産業が努力を重ね、資源と共に持続的な発展を目指してきた経緯を見ることができる。

③飛驒川流域は、木曾川流域と宮・庄川流域に挟まれている。飛驒川流域には檜が多く、資源構成も木曾川流域によく似ている。しかし比較的天然の広葉樹も多く、宮・庄川流域の特徴も合わせ持つ。どの流域でも人工林の急激な増加に比べ、天然林はわずかしか増えていない。特に飛驒川はその傾向が強い。伐採された天然広葉樹は、製材加工されるより、むしろチップ工場へ向かうようである。現にこの地域にはチップ工場が集積している。チップは取引金額が安く、切ったからといって植林などの再生産費が捻出できるわけではない。他地域に比べれば林業をはじめとした木材地場産業は盛んではあるが、それが地元資源と結びついた持続的なものとはなっていないようである。同じ広葉樹でも、宮・庄川流域では製材所へ入る量が多いため、家具や建築用材となるのだろう。

ところで岐阜南部には全国有数の広葉樹の市場があるが、そこでの調査だと、県内の広葉樹はほぼ切り尽くされ、市場には県産材はほとんど入荷しなくなったとの事であった。広葉樹を求める伐採は北に伸びており、市場へは東北地方からも入荷している。需要と供給がミスマッチを起こしている事がよく分かる。

杉を活かす産業が育っていない！

④長良川流域は岐阜県内で最も杉が多い流域である。それも戦後の拡大造林時に植林した木が突出して多い。杉はいずれ建築用材として伐採し、製材加工する事を目的に植林されている。しかしそれを生かす木材地場産業が育っていない。

長良川流域の製材所一工場あたりの出力数は県内で最も低く、板材をひく小規模な製材所が多い。長良川流域は、もともと広葉樹をひく製材所が集積していた地域である。また杉にも種類があり、当地の植物生態系をあまり考慮しない人為的な植林が進み、さらにそれらに手をかけて来なかった事で、良質な木材が収穫できないだけでなく、治山治水等の公益的機能が衰えているのではないかと思われる。近年集中的に雨や雪に襲われることもあり、１９９９年の豪雨がもたらした当地の林地被害は四十三億円になった。

戦後の拡大造林で国土の四分の一以上が人工林となり、そのうち四割以上を杉が占めている。これはほっておいても自然林には戻らない。歴史的に知られた林業地以外で、これだけの人為を加えて植林した杉を活かす産業が、育った地域がどれだけあるのか。さらには無花粉や少花粉のものまでつくって、これ以上杉を植える必要があるのかという疑問も残る。

もともと日本の山林の多くは広葉樹に覆われていた。樹種も少ない針葉樹一辺倒の山林は広葉樹林の山より治山や治水の力に劣る。人工林と天然林の比較は言うまでもない。手塩にかけられた人工林は美しい。しかし、逆に人手の入っていない人工林は治山治水に劣るどころか、土砂災害の引き金を引く。痩せたゴボウが逆立ちしたような木が所狭しと茂る人工林は鬱蒼《うっそう》と暗い。下草も枯れ、木の根も浅い。一度大雨となれば根ごと流れ出る。この長良川は、あの長良川河口堰が作られた川でもある。

⑤揖斐川流域は、人工杉林が長良川に次いで多い。1970年代から最近に至るまで、製材の七割以上を外材が占めていた。フィリピン政府は、自国の環境や資源を守るため、ラワンの輸出を全面的に禁止し、米国では地場産業を保護するため公有林から丸太のま

ま輸出することを禁止した。揖斐川流域は、地元の資源との関係が薄く、製材過程で外材比率が高いため、このような海外政策に大きく左右されるようで、近年、製材量自体が大きく減少している。

外材率が高い揖斐川、長良川流域では、製材技術や産業基盤などが十分に整備されない状態で外材をひき、外材原木の減少と共に国産材が伐期を迎えても、それを受け入れるだけの流通経路や需要先、製材加工技術が発達して来なかったようである。また揖斐川流域はもともと薪炭《しんたん》生産がさかんで、これは主に広葉樹を扱う産業である。地場産業がうまく転身をとげず、上流域で増え続ける針葉樹を製材加工する産業が育って来なかったようだ。そのためか上流部における過疎化が進み、不在村林（不在者が所有する山林）の比率が最も高い流域でもある。ここに、その規模日本最大と言われる徳山ダムがある。総事業費3500億円、水量にして浜名湖二つ分を沈めた。

森林荒廃と共に動物の里山出没が問題になっている。人の統計はあっても熊の統計がないので正確には比較できないが、人口密度より熊密度の方が高いかもしれないと、揖斐川上流の地元では言われている。不在村者が所有する私有林面積の比率は、揖斐川流域が45％超と最高で、不在村面積が最も低い木曾川流域で二割を切る。この数値を見ると、山間部では木材地場産業の盛衰が人口にも影響を与えているのではないかと思う。

河川は当該地域の生態系に影響を与え、流域毎の森林資源の特徴も作り出すようだ。その森林資源を活用して育まれた産業文化にも個性が生じる。五つの流域毎に特徴が違う林種と産業文化、さらには近年の自然災害に伴う被害状況をみると、「岐阜の山林は全国の縮図」と言われる所以《ゆえん》を思わせる。

岐阜は、大胆に言うと川が南に流れる美濃地方と北に流れる飛驒地方に分かれ、同じ県と言うには乱暴なほどに異なる二つの文化圏で構成されている。美濃で会った方でも、しばらく話すと、実は生まれも育ちも飛驒であることが、本人に言われなくても分かることがある。もともと日本は色取り取りの地方文化の花が咲き乱れる国だったと思う。多様な自然を愛《め》でる我々日本人の柔らかな感性がなした業《わざ》でもあろう。

それが今では全国各地を車で走っていても、どこも似たようなロードサイド型の大型店舗と、派手で特徴のない看板が車窓を流れていく。標識を確かめないと、どこまで来たか分からない。大型店の列が切れると見えてくる田畑の背景は、季節に無頓着な真っ青な人工林で覆われている。どこまでも立派な道路が延び、山村に入ると両側の山肌には灰色のコンクリートが目に付くようになる。随分と長い間、間違った道を走ってきたように思う。

市場で右往左往する国産材

「世の中で最も足の速い物、それは麻薬と武器と宝石である」と書いたジャーナリストがいる。問題視されているのは、その冥々《めいめい》とした流通経路だ。しかし、海の外にはほとんど出ず、国内をゆっくり歩いている国産材も、正確にはその流通は把握されていない。ただし、その理由は麻薬や武器、まして宝石とはまるで違う。

そこで、ある山の木がどれほど切られて、どのように流通しているのかを具体的に調べてみた。先に紹介した岐阜五流域の中から、長良川流域をとり上げて調査を行った。長良川流域をとり上げたのは、檜で知られる林業県岐阜において、人工杉林がもっとも多い流域だからである。全国各地で人為的に大量植林されたこの杉が何かと問題になっている。

長良川流域産木材の流通について、沢山の方々にご協力を頂き、数年の歳月をかけて調べた。木を切っている素材生産事業者や森林組合、その関連組織、そして山林所有者、原木や木材製品の市場の方々、製材やプレカット事業者、チップ・パルプ業者、木造を建築している大工棟梁からハウスメーカーまで、実に様々な業種の人達にお会いした。森や木に関わる行政部局にも総当たりしてみたが、これほど多種多様で、数多くの関係者がいるのに驚いた。

示す結果は2003年の実績である。長良川流域の素材生産量、つまり木の生産量は約10万m³であった。毎年自然に増える木の容量は50万m³で、この50万m³と比較すると伐採量はその五分の一ほどである。大雑把に言うと、このギャップがどんどん森の中で増えていることになる。大径の立派な樹木が育っていれば良いが、実際には鬱蒼と暗く、陽も当たらない不健全な森が広がっていることになる。岐阜県全体の素材生産量は1965年には170万m³であったが、2003年には34万m³にまで落ち込んでいる。檜の産地である東濃でも、今の十倍は木を出せる、それだけの森林資源量はあるのにと、地元の人が残念がっていた。

切り出された木材は、そのまま製材所などへ行ったり、自家消費されたりする場合もあるが、我が国の場合、大抵は原木市場へ向かう。中欧では木の購入者がほぼ決まってから伐採され、伐採現場に直接その人達が取りに来る。日本では木も魚のように市場で競《せ》り売りにかけられるが、これを説明するのに北米でも中欧でも時間がかかった。

ヨーロッパでも楽器に使われる銘木に限って、競売が行われることがある。日本でも、広葉樹の原木市場はそれなりに活況を呈している。しかし針葉樹の市売りを見ていた時、「木が可哀相だ。お願いだから買ってくれ」と言って、競り売りされるのを目《ま》の当たりにして驚いた。

この時の調査では、伐採された木の約6万㎥は県内の原木市場へ、そしておよそ3万㎥が県外市場へ出されていた。しかしその取引金額を推計すると、県外へ出る木材の方が、その量に比べて比較的高くなった。なぜなら、優良材ほど、県外の原木市場へそのまま出荷されるからである。逆に販売が難しい木を県内の森林組合の市場に出すとも聞いた。売れない木を処分するため、叩き売る場に豹変してしまう事があるそうだ。これらの原木市場からは製材業者などが買っていく。

この原木がどこで製材加工されるのかを見ると、県内が4万㎥を切るのに対し、県外は4万㎥超と多くなる。この製材段階で県外が優位にある理由として、長良川流域はもともと広葉樹をひく小規模な製材所が多い所であり、さらに杉は檜に比べ木材乾燥が難しく、杉を製材する技術や施設があまり発達して来なかったことがあるようである。また柱になる流域産の木材は県外に出されやすく、県内に残るのは、板材にひかれるもの等であった。つまり山に植林された森林資源とあまり関係なく木材地場産業が今に至っていることになる。

杉の需給のミスマッチ

長良川流域では、人為的に杉を大量植林した。これとは対照的に昔から檜が自生もしていた木曾川流域は、そこにある森林資源と結びついて木材地場産業が育ってきた。県内の取引金額を全国平均値と比較してみると、東濃檜に代表される岐阜の檜は全国平均より高い。檜がブランドとして付加価値の高い木材として取引されているのが分かる。一方、長良川流域から産出される長良杉に代表される岐阜の杉は、全国平均よりも安価である。

全国各地で大々的に造林された人工杉林とその地場産業の関係が今どうなっているのか、この長良川流域からも想像できる。大量の杉をうまく使えるほどの状況が未だに整備されていないのだ。まさに需給のミスマッチである。確かに杉は柱や板にすることが多いが、木造建築にしても部位に応じて様々な樹種を用い、広葉樹の需要もある。杉等の針葉樹は元来、家具木工や合板には適さない。最近ようやく国産針葉樹の合板も作られるようになったが、これも外材高騰、外圧のお陰である。

昔からの林業地には、山に育つ資源の種類や育ち方に合わせて、小径木（径の小さい木）から柱材を取る所や、長伐期施業（すぐに切らずに、木を大きくしてから収穫するやり方）で、建物の横に渡す梁桁《はりけた》等を取るのが得意な地域もある。これだけ植えた杉を活かす産業を、前もって振興して来たのだろうか。前々から一斉に伐期を迎えることは分かっていたはずである。具体的な需給バランスを仔細に検討せずに、これだけ生産してしまった罪は深い。

長良川流域内で素材生産から最終需要まで完結するのは、鉄道の枕木や隣県愛知の製紙会社に搬入されるチップなどであった。県内で建築用材として最終需要に至る森林資源は2万m³あまりしかなかった。地元の住宅展示場で百棟あまりを調査したが、長良杉と判別できるのは二棟にとどまり、わずかに板材が腰壁に使用されていた。他県で調査をしていた際にも、人為的に植林された杉が建築用材には向かない、使えないといった話も聞いている。人の手で植えたこれだけの杉を活かす産業が育っておらず、多少切られたとしても、流れ流れて消えて、行方が分からなくなってしまうのが残念である。今の言葉でいう「トレーサビリティ」もあったものではない。電話一本で入荷する外材の方が、流通が明快で入手しやすいのだ。

同じ県内でも、産直住宅の発祥の地でもある木曾川流域は、木の伐採から始まり、製材加工、木造住宅建築まで一手に担い、地域資源の付加価値を高め、地場産業を振興しようとしている。そして地場産業の盛衰は、中上流域における過疎化や不在村林の拡大にも影響があるようだ。

長良川流域では2003年には4500棟ほどの住宅建築が着工された。その内木造は七割を超え依然として高い割合を占めている。ここで必要となる木材量を試算すると、流域で毎年自然に増える森林資源量を下回る。つまり量だけみれば、資源の持続性を保ったまま、流域内で十分に自給できる。

しかし調べていくと、実際に使われているのは、その七割が外材であった。国産ですら三割を切っており、県産や流域産は見る影も無い。天然素材嗜好《しこう》が高まる中、内装に無垢材を多用した木造住宅が増えているが、和室の仕上げ以外に使用される木材のほとんどは輸入された工業製品であった。これは他地域での話だが、製材所や工務店が、地元の木の入手方法や製材加工方法を知らなかったという。

秋に訪れた飛驒高山は、山林が色鮮やかに紅葉し始めていた。この飛驒地方で、杉などで一色に塗り潰された山を「おおぞい山」と呼ぶ人がいる事は書いた。戦後の拡大造林は1000万ヘクタール、つまり国土の四分の一は「おおぞい」ということになる。このおおぞい人工林の多くが放置されている。

車窓から眺める遠くの山はいつも青々と同じように穏やかに見える。しかし山林の中に入ると、木の根が浮き上がっていたり、梢がなかったり、よく見るとあたり一帯が枯れていたりする。折れ曲り、倒れた木々もそのままにされている。健全な森林に降る雨や雪であれば、これほどまでの爪痕《つめあと》を残さないだろう。災害規模は格段に大きくなってきている。今後また、いつ大惨事が起こっても不思議はない。これまで自然の猛威《もうい》から我々の生活を守ってくれていた森だ。しかし弱り果てた森は、自分さえも守れず、自分の身を滅ぼしながら、自然の恐ろしさを我々に教えてくれている。

第三章　補助金制度に縛られる日本の林業

戦後変わらぬ日本林業の姿

補助金制度を抜きにして、日本の林業を語ることはできない。何をするにも補助金が用意されている。

筆者が調査した地域では、補助金をもらって植林するには、山に植える苗木の本数も決まってくる。10m×10mを囲って、所によっては25m×4mを囲って、その中に何本植林されたか、都道府県の職員が一本一本、山に数えに来るそうだ。むろん全数調査ではなく、抽出調査ではあるが。

戦後間もない日本の林業を紹介した記録フィルムを見た事がある。人々が山で苗木を手植えするこの映像をカラーにし、作業着を今風にすれば、今年の植林風景を収録したDVDと同じである。北欧では伐採と同時に種を噴射したりもすると聞く。日本では補助金をもらうためには行政のマニュアル通りにしなければならない。つまり、新しい方法を考えたり、工夫したりする余地が少ないのである。日本の林業が変わらない、変われない理由がここにもある。

また、中央官庁は様々な補助金や交付金を地方に与えている。その仕組みを、これから紐解く林業の補助金制度から、想像することもできるだろう。

この章で記す林業の補助金制度は、それを日々担当している者すら混乱するほど煩雑だ。「非常に複雑である」ことが伝われば十分なので、書いている筆者同様、頭が痛くなりそうな方は、以下に続く「森の5機能3レベルと3ゾーニングと……」「補助金をもらうために付される条件」は、読み飛ばして貰っても構わない。

森の5機能3レベルと3ゾーニングと……

雪でたどり着けないかと心配した日であった。森林組合の窓から見える山は、四季に無頓着な青々とした杉に覆われていた。この一面杉の山も、そして日本全国どこの森林にも5機能3レベルが与えられ、そこから三つにゾーニングされている。この森林組合では、補助金をもらう条件にこの「5機能3レベル3ゾーニング」が出てくる話から始まった。

5機能とは「山地災害防止機能」「水源涵養《かんよう》機能」「保健文化機能」「生活環境保全機能」「木材等生産機能」の五つである。

この五つの機能がそれぞれ「高い」「中位」「低い」の三つのレベルに判定される。これをどう決めるかは、詳細にマニュアル化されている。筆者の手元には、茶色の装丁の『森林計画業務必携』という厚さ5センチほどの本があり、そこに書いてある。林野庁が監修しているこのマニュアルは都道府県用であろう。

例えば「山地災害防止機能」「水源涵養機能」の二つが「高い」で、「保健文化機能」「生活環境保全機能」が「中位」で、「木材等生産機能」が「低い」といった具合に、山は五つの機能をすべて持つとされ、それぞれが三つのレベルで評価されている。

さらにこの5機能3レベルを使って、三つのゾーンに分けられる。このゾーン分けフローチャートは、『市町村森林整備計画の手引き』という本に書いてある。これも林野庁が監修しており、こちらは主に市町村向けのマニュアルだろう。雑誌に出てくる性格判断のように、質問を順にイエス、ノーで答えていけば「水土保全林」「森林と人との共生林」「資源の循環利用林」のいずれかに振り分けられる。しかしこのフローチャートで色分けをすると、現実の山林では、飛び飛びにゾーニングされる可能性があるので、そこらへんを勘案するようにと、手引き書に書かれている。

　実際の山林に入れば、大雪で木々が曲がり、倒れ、そこから二次災害が起こりそうな所もあるが、それに対処するすべがなく、放置されていた。ひとたび大雨が降れば根こそぎ流れ出そうな荒廃林も、どこにどれだけあるのか分かってはいない。森林簿に森林所有者を記入する欄はあるが、現実には所有者不明の森林もあり、所有者を探し出し、同意を得て、木を切るまでに多大な労力を費やしている地域もある。荒廃林の評価が難しいとか、それは国土調査の仕事だとか、いろいろ反論もあるかもしれない。しかし、手にしている分厚いマニュアルを見ると、山の中で目にする悲壮な現実との乖離《かいり》を感じずにはいられない。

　面積は、水土保全林１３００万ヘクタール、森林と人との共生林５５０万ヘクタール、資源の循環利用林６６０万ヘクタールである。ところで、なぜ木材生産を重視する「資源の循環利用林」がこんなに少ないのだろう。切って売るために植林した人工林１０００万ヘクタールはどこへ消えたのだろうか。

　この５機能３レベル３ゾーニングは、国が地方に与える補助金の採択基準に出てくる。

さらに、この5機能3レベル3ゾーニングとは別に、「保安林」というカテゴリーの森林がある。私有林も「保安林」に指定され、保安林は後で話す補助金の計算式で、率の高い数字がはまる（つまり補助金が高くなる）。この保安林は増加の一途を辿《たど》っており、2005年には、民有林で500万ヘクタール、国有林も合わせると1165万ヘクタールに及ぶ。保安林では伐採もでき、条件次第で皆伐《かいばつ》もでき、それを売る事もできる。国有林でも保安林に指定されると、一般会計のお金で整備ができると聞いた。ご存じの通り、国有林には特別会計（国有林野事業特別会計）がある。

国がゾーニングを定める前に、ある都道府県では独自のゾーニングをしていた。林道から数百メートルは木材生産を目的とした山林、それより奥は広葉樹を多くして、生産より自然回復を優先させる。二つのゾーニングである。日本で木材価格をつり上げているのは、木を運び出すコストである。林道から数百メートル、つまり林業機械の手も届きやすく、生産コストも引き下げられるエリアを木材生産の場とするのは分かりやすい。逆に、あまり人が入らない、入れない山林を元の自然に近い状態に戻していく事も納得できる。こちらの方がずっと理にかなっている。

しかし、日本では国と地方公共団体（地方自治体）が上下に並んだ主従関係にあり、国のゾーニングを無視して地方独自のやり方を優先させることはできない。中欧や米国では、序列ではなく、役割の違いで住み分けている。オーストリアは、日本と似た仕組みで国も補助金を出すが、その具体的な補助内容を決めているのは州政府であった。国が全土に網をかけようとしても、地方自治体が言うことを聞くはずがない。

補助金をもらうために付される条件

では補助金の条件には、何が書いてあるのだろうか。ある森林組合が、実にたくさんある補助メニューから「機能増進保育」を例に教えてくれた。補助金制度自体がよく変わるので、この話は「水土保全林整備事業」という補助事業があった頃のものだろう。手元には、補助事業の実施要項や運用が書かれている厚さ4・5センチほどの『造林関係法規集』、そしてその追補版である『平成18年度追補版』と『平成19年度追補版』の三冊がある。平成18年度追補版には、「水土保全林整備事業」がある。しかし平成19年度版には既に見あたらない。そこで平成18年度版を見ながら、森林組合で教えてもらった話をしよう。

この「機能増進保育」の補助金をもらって木を切るには、まず「水土保全林整備事業」であるから、例の3ゾーンのうち「水土保全林」であり、そして先の5機能のいずれかが「高い」と評価されている森林でなければならない。さらに「森林施業計画等」に「長伐期施業を実施する」と記載されている森林でなければならない。そしてこの「機能増進保育」の説明文が、別の補助事業である「資源循環林整備事業」にもそっくりそのまま出てくる。しかしこちらの「機能増進保育」で切るには、さらに新たな条件が付け加わる。以下がその条件である。

民有林人工林率が50%以上又は所在する都道府県若しくは地域森林計画区の平均以上であり、かつ、公益的機能別施業森林のうち複層林施業又は長伐期施業を推進すべきものとされている森林の面積比率が全国平均以上又は当該都道府県の平均以上の市町村であること。

読んでいるうちにワケがわからなくなるかも知れないが、こちらは「水土保全林整備事業」ではなく「資源循環林整備事業」の中の「機能増進保育」であり、もちろんゾーンも「資源の循環利用林」でなければならないのだろう。

国からもらう補助金を、例えばこの水土保全林整備事業と資源循環林整備事業の二事業にまたいで使うことはできないと県庁の人が嘆いていた。メニュー名が同じ「機能増進保育」となっていても、異なる補助事業である。森林組合では、補助条件に合った森林を探すのか、森林に合った補助条件を探すのか、よく分からない。この森林組合では補助金関係書類が束ねられた分厚いファイルを渡され、「この補助金制度が分かるようになれば森林組合のトップになれる」と話してくれた。

補助事業はあまたでも山は一つ、道は一本

先の「水土保全林整備事業」が平成19年度版からなくなった事情を、ある地方公共団体で偶然聞いた。二つの補助事業「水土保全林整備事業」と「資源循環林整備事業」が一つになって「育成林整備事業」という事業になったから、だそうである。

一つになった理由は、山中では道が続いているから。補助事業が別では、一つの道を作るにも二つの手続きをしなければならない。だから二つあった補助事業が一つになったと聞いた。この前にも補助事業が再編になっているが、その時の資料には、補助事業の下にまた複数の補助事業があり、この下位の補助事業が、それ以前にあったいくつか

の補助事業を統合したものであった。

年度で追補版が出ているかぎり、制度を作り変え、補助金の付与条件を作っている人がいるはずである。それに合わせて、毎年補助金をもらうために書類を作成しなければならない人、それら補助条件と実際の森林と作業を照らし合わせる作業をしている人もいる。後者は都道府県や森林組合であり、彼らの中には林業の補助金制度についていけないと真情を吐露した人もいる。彼らが腕を振るうべき林政や林業にたどりつく前に疲れきってしまっている。

林業の補助金制度は歴史が変えられない古い旅館のようだと言った人もいる。母屋《おもや》を取り壊すわけにはいかず、問題が起こる度に増改築を重ねていったら、どこから入ってどこから出ればいいのか分からなくなってしまったと。

地の利にかなった林業を

数百年の歴史を持つ専業林家で、先祖代々伝わる伝承林を見せて頂いたことがある。見上げた空は、梢の間から幾重にも光の線を放ち、木立《こだち》に浄化された空気が、緑のベールになって降りて来るおとぎの世界であった。

手塩にかけられた日本の人工林は芸術である。天然林に勝るとも劣らない。その美しい森で育つ木は、材としても一本数十万円で取引されていく。材価が安くなったというが、大径木でなくても、その土地その土地に継承されてきた手法と、日々自然から得る人の経験が育て上げた木々は、今でも市価の何倍もの値段で買われていく。

しかしその土地のプロでも、自然にかなわないこともある。まして、その土地に生活していない人では相手にもならない。木を育て、森を守る事はそれだけ難しい。同じ杉にも様々な種類があり、こっちの山では順当に育ち優良材が収穫できたのに、あっちの山では生育が悪く、木材が採れるどころか山林が荒廃してしまうなんて事もある。田畑と同じとは言わないが、人工林ならば、それなりに手を入れなければ、特に建築用材に資する材を採るのは難しい。

歴史ある林業地以外で、大量に植林した杉・檜・松が、優良ブランドになった地域がどれだけあるだろうか。林業や木材地場産業が、その地域の一大産業に成長した地帯がいくつあるだろうか。5機能3レベル3ゾーニングも良いが、資源と産業の関係を見直す事も大切だろう。そうすれば自然保護か、それとも産業振興を重視するに適するか、その土地に合った森づくりの方針も見えてくる。

また、手をかける事が難しいのなら、もう少し自然に任せた林業も考えられるだろう。日本の林業は手間のかかる丁寧な作業が多い。それが誰しもできるわけでもなく、「四方無節（節の見えない）」のような高級な建築材ばかりが必要なわけではない。

その土地の自然に即した、地の利にかなった林業を進めるべきだ。優良材が収穫できる樹種が勝手に自生するような土地なのか。戦後、禿《は》げ山となった山肌に、広葉樹より育ちやすいと思われている杉、檜、松をただ植林しただけなのか。もとは広葉樹林でも、それを針葉樹の人工林に変えても立派に育つ所なのか。林業に向かない土地は、もとの自然に戻す方法もある。

林業の世界では、広葉樹は針葉樹より育てるのが難しいと思われているが、植物生態学ではそうも言っていない。私が訪問した人工美林の所有者は広葉樹も植えていたが、見事に育てていた。広葉樹は万人向きのマニュアルを作成するのが難しいのかもしれない。家具用材などとして取引されれば、建築用材より高い。木造建築ひとつとっても、部位によって様々な樹種を使い分けたりもする。建築用材として最高と言われる樹種に欅があるが、これは広葉樹である。木材は建築や土木用材のみならず、チップやパルプ、エネルギー利用等々、実にたくさんのものを生み出す資源である。建築用材を取り出すだけに留まらず、山林からは木の他にもきのこ類、桐材や木炭など特用林産物も採れる。また、うまく育たなかった、あるいは手間をかけられなかった安価なB級材やC級材も活かす必要がある。オーストリアでは、Holz ist genial!（木は天才！）と銘打っており、同国で伐採した木材の四分の一はエネルギーに利用している。国土の七割を占める森林資源をどう活かすか、従来の使途、方法にとらわれない様々な研究開発も期待される。

木材地場産業が衰弱していない地域には、資源と産業、供給と需要の両方を見ている要《かなめ》のような人や組織が存在しているものである。それは森林所有者であったり、製材所であったり、建築事業者であったりする。誰がその役割を担っているかは、その土地の資源と産業の関係により異なる。その土地で人材を育て、その人々を信用して、任せる仕組みを作り、事業の成否の影響を当事者として受ける人に裁量も渡した方がいいと思う。そうでなければ絵に描いた計画は、実現の段階で失敗する。

そしてその土地の需給バランスも見て、今後の植林を考えるべきだろう。また想定した需要から造林した人工林で成果を上げられなかったのなら、その土地に適した木々を優先し、そこからニーズを考えても良いだろう。辣腕《らつわん》の大工棟梁は、そこにある木々の性質を読み、組み合わせ、いかにすると木造建築の中で、個々の個性が生きるかを考える。

この見惚《みほ》れるような杉、檜の人工林を九代目として継いだ当主は、所有山林でジープを快走させながら、こんな冗談を飛ばしていた。「戦後の拡大造林で、腐るほど山に木があるのではなく、腐ってしまったほど山に木がある」と。

現場では同じ木を切る作業だが……

最近、「間伐（木を間引く伐採）」という言葉をご存じの方も増えたであろう。先の平成19年度追補版をめくって数えてみると、この間伐、又はそれに似た補助金メニューが四十種類を超えた。作業名称をあげてみても、除・間伐、不用木の除去、不良木の淘汰、抜き伐り、支障木の伐倒、雑草木・不用木の除去、衛生伐など、いろいろ出てくる。林学の話であれば分かるが、これは行政上の手続きである。この補助金を使い、実際に作業する現場にとって、分かりやすく、負担が少ないものだろうか？

補助条件の一つに、木の年齢制限もあり、その条件だけでも九種類の違いがある。木は植えてから五年生までが一齢級、六年生から十年生までが二齢級という具合に、五年を一括《ひとくく》りに数える。

間伐作業に補助金を出す齢級の基本は、三〜七齢級であった。しかし現実には、それ以上の齢級がより問題である。間伐されていない期間が長いわけで、その緊急性は高まる。それについて行政マンに尋ねた所、「三〜七齢級より上は切ったら売れるから、補助金の対象にはなりません！」と、強い調子で返された経験がある。

しかし、同じ挿《さ》し木を植えたとしても、場所により育ち具合は異なり、弱った山林の木々は高齢級でも使い物にならない事もある。また最近では地球温暖化の抑制という大義名分のもと、森林吸収源対策に関連して投下される公的資金が増えているが、そこで伐採した木材も売られている。

例えば「特定高齢級間伐」に付されている条件を転記する。

要整備森林に指定されているⅧ齢級以上の森林について、1施行地につき1回限り行う不良木の淘汰とする。ただし、過去Ⅵ〜Ⅸ齢級の期間において間伐を実施していない森林であって、かつ、下層植生が消失した森林、形状比が90以上の森林等、公益的機能確保上緊急に間伐を実施する必要があるものに限ることとし……

この補助金をもらって木を切るには、この文章だけでも五つの条件をクリアしていなければならない。一体、誰が資料をめくって調べているのだろうか。過去六〜九齢級の期間に「間伐を実施していない」という記録が残っていない所だってある。ここでは作業対象に限って書いているが、誰が作業を行うのか、誰が事業者か等の条件にも振り回される。

この他、林業は地拵《じごしら》えから始まって、植林、下刈り、枝打ち、道造りや機械購入などすべての行為に補助金が関係してくる。ある地方公共団体では、森林組合や都道府県職員の仕事は、多種多様な条件が並ぶ補助金メニューの中から、一番たくさん補助金がもらえるものを探し出す事だと説明された。民間企業から森林組合に入った人の話だが、森林組合で補助金を担当し始めた当初、こんなバカげた話はないと思ったそうである。しかし日が経つにつれ、いかに補助金をもらうかしか考えなくなり、どうしたらややこしい制度の網の目をかいくぐって補助金をもらうか、そればかりを考えていたそうである。

逆に、工夫を凝らし、少しでも作業方法を変えようと思ったら、補助金はもらえない。

現場の労力を少しでも省こうと、木が若く、背が低いうちに枝打ちをした森林所有者は、「そんなに早く枝打ちをされても条件にないから補助金は出せない」と言われたそうである。

「森林組合にやる気がない」と非難する人がいるが、やる気を奪ったのは一体誰なのか。補助金が多く降りてくる森林組合は、補助金をもらう代わりに差し出される条件下で、何から何まで作業をすることになる。これでは仕事に対するモチベーションを維持する方が難しいだろう。

日本の補助金制度の中では、間伐は詳細に樹齢が指定されている。海外で間伐は何齢級で行うものですかと繰り返し尋ねたら、青い目が怒り出した。同じ樹種の同じ年齢の木でも、生育環境等によってまちまちである。どの時期にどう間伐するかは現場の人が決めることとで、間伐を樹齢目安にするのはナンセンス！　と、山の中で木々を指さしながら諭された。

人と地域を育てるオーストリアの補助金制度

オーストリア、シュタイヤーマルク州で調査をしている時に、木の伐採作業現場と製材所をつないで、木材の供給と需要のバランスを取っている現場の技術者に会った。彼は地元の人であり、どこでどのような木が切られ、どの工場でどのような木を必要としているか把握している。また情報も刻々と集まってくる。彼らの肩書きを和訳すると「森の助《すけ》っ人《と》」とでも言おうか。現場からの提案を受け入れ、行政の補助金プログラムの中で養成されている。

またオーストリアでは、山林所有者達が共同体となって申請しないと補助金を付与しないとか、近隣の林業を手伝って報酬を得てもそれには課税しないとか、地域社会を存続・維持・発展させるために、社会制度に工夫が凝らされているように見える。

補助金も自分で考え、責任を持って行動する人や共同体、組織を養成するためのものであるようだ。自立し始めた人や共同体、組織に補助金はいらなくなる。制度設計に際し、いかに公的関与を減らしていくかをまず考えている。

大胆に言うと、オーストリアでは育成に補助金を使っており、日本では「税金を公正に使う」という理由のもと、現場を行政の言う通りに動かし、規制・管理監督するために使っているように見える。オーストリアでは、補助金をもらう方も、もらった後の検査や監査を恐れるのではなく、事業を軌道に乗せる方に頭が行っている。日本のように、誰がやっても同じ結果が得られるように現場を統制するのではなく、現場を任せられるプロフェッショナルを育てていると言っても良いだろう。彼らに裁量も責任もある。逆に、責任を取らない人に権限はない。また裁量に責任が伴うのなら、誰しも現場を知らずにはいられないだろう。

日本の地方公共団体にも林業専門技術員（ＳＰ）と呼称《こしょう》された人がいた。行政マンには、現場を知らない人も多いが、ＳＰは一通りの作業を教えることができる。日本でも、こういう林業をよく知っている行政マンは現場主義である。

森を守り、木を育てているのは、林業機械でもマニュアルでもない。同じ生き物である人でしかない。ドイツ、オーストリアで会った森林官も専門の職業教育を受けて来た人たちであった。森林官やマイスターに見る中欧の職業教育は、教育制度の中でも一つの本流である。プロフェッショナルとして、社会的地位も権利も、その結果、生活も保障されている。森林面積に応じ、森林官を置かなければならない。これがオーストリアでは制度化されている。

補助金制度や教育制度等、社会の制度を見て思うのは、欧州では、個々人の力を十分に開花させ、それを世の中に生かすように社会の仕組みが考えられているように見える。

人口の少ない北欧は特にその意向が強いようだ。それに比べ、日本はあらかじめ用意された社会の枠組みに人々や物事を適合させ、また適合しないものを規制し、相手にもしない傾向があるように思う。そういう考えが林業の補助金制度や建築基準法にも如実に表れている。

日本には昔から「山守《やまもり》さん」制度があった。今も山守さんはいるそうだ。財閥等が持っている山林を一任され、彼らの裁量でその山林は守り育てられていた。日本の問題は、当事者である我々日本人が答えを見つけ出さなければならないだろう。そもそも日本は、昔から植林の歴史がある世界でも珍しい国である。日本林業を世界に発信してもいいぐらいであろう。

森林官は、日本の国有林にもいるが、中欧と同じなのは和訳した名前ぐらいだろう。ある森林官は、「上から相談されることはあっても自分では決められない」と言った。国有林の仕事を請けた民間企業の人は「現場の森林官よりも上から細かな指示が降りて来る」と言っていた。そういう事情を聞きながら眺めた国有林では、植林されたばかりの苗木が枯れ始めていた。

制度が複雑になる理由

林業機械を買うにも、林道を整備するにも補助金があるが、ここでは造林事業について触れてみたい。いくつかの所で調べた事を総合すると、次のようになる。

補助金計算の基本は、標準事業費に査定係数と補助率をかけ、さらに実施面積を乗《じょう》ずる。しかし、国が示した補助金を与える条件に、都道府県がさらに条件を上乗せすることがあるため、地域ごとに違いも生じる。ある地方公共団体の方が、「林業の補助金制度を正確に理解し説明できる人は各都道府県で二人ぐらい。全国に百人いない」と冗談を言っていた。本書ではそうも言っていられないので、断片的ではあるが、できるだけ具体的に書いていきたいと思う。

まず補助金を出すための標準事業費は、各都道府県が決める。ある都道府県の資料だと、例えば植林を一つとっても、1ヘクタールあたり何本でいくら、一本増える度に何円加算され、それが樹種や苗木の種類ごとに、そしてどのような条件の土地に、どのように植え、誰が植えるかでも、価格設定が異なる。この章の冒頭で述べたように、植林したらその本数を数えに来る。本来、自然界は多様だが、何種類もの樹種を混ぜて植林する場合にはどうしているのだろう。

間伐関連と示された別の表には、まず特定間伐か高齢級間伐か、機能増進保育の間伐か等々、間伐の補助金メニューが分かれている。そして切った木を出す方法が、線を張って木を吊して出す方法（架線集材）か、もしくは車で運び出す方法（車両系集材）かでも違い、さらに張った線や車が走る距離が50m以下か200m以下か等々、長さの違いでも分けられている。

また別の地方公共団体から抜粋してもらった資料をめくると「間伐」と名のつく標準単価が七十種類を超えた。木の切り方には、この間伐以外にも除伐や受光伐、誘導伐などいくつかの種類があり、もちろん事業費も異なるのだろう。都道府県には、これらの資料を作っている人がいるのである。

ところで、なぜこんなに標準事業費があるのだろうか。その理由は会計監査のようだ。一枚一枚書類をめくられても、疑義を唱えられないよう、ばっちり準備するため、だそうだ。たくさんの補助金をもらうと、次にやってくる地方公共団体の心配は、国による監査である。

次に補助金は査定係数という数字で、かさ上げをする。ある地方公共団体で調べていた所、保安林であれば、査定係数は自動的に170%となる。この保安林がみるみるうちに増えている事は前述した（現場では170が最高と聞いていたが、制度上は180までである）。

なぜかさ上げをするのだろう。その理由は、「森林が持つ治山治水機能など、価値ある山林に手を入れる事は、その費用以上の価値がある」と見なすからだ。査定係数170％の場合、例えば事業費100万円なら、その100万円の作業に170万円の価値があると考えるそうだ。さらに、国と都道府県が負担する補助率40％に、査定係数1・7（170％／100）をかけると実質補助率は68％になる。つまり標準事業費の68％が補助されることになる。残りを森林所有者などが負担することになる。しかし実費ではなく、標準事業費をかさ上げしているので、実際には森林所有者の費用負担がほとんどなくなる場合もあると聞いた。

その次は実施面積である。この実施面積を出すのに、毎年数千ヘクタール近い実測作業を繰り返している都道府県もある。これが遅れている国土調査に反映されたら良いと思うのだが、そういうこともない。相手は自然である、枯死したり、風倒の被害に遭ったりした箇所も出てくる。そういった面積を、例えば間伐の補助金をもらう時には差し引かなければならない。補助金をもらうため、そして検査、監査に耐えるために、実測を繰り返すことになる。

数式の補助率の所には大体「0・4（40％）」が入る。補助金を出す割合は、基本的に国三、都道府県一である。国が十分の三を出してくれても、残りの十分の一を都道府県が出さないと補助金は完成しない。

最近、森林吸収源対策等で、国から降りてくる補助金等が増えている。しかし都道府県はそれに見合うだけのお金を自前で用意できない。そこで地方公共団体に、「木を切るために借金して良い」とまでお触れが正式に出来ている。この期《ご》に及んで借金である。この話を聞けば、どうして地方公共団体がここまで借金を増やしてきたのか、その理由の断片をうかがい知ることもできるだろう。

似て非なるEUの仕組み

EUとその加盟国も似た仕組みを持っている。筆者がオーストリアで調べた所では、EUと国、州政府が林業の補助金を分担していた。

しかし、補助内容を基本的に決めているのは、国ではなく州政府である。地方を治めるのは地方自治体、州政府だ。オーストリアでは補助内容を決める場に補助金を貰《もら》うサイドからも参加する。確かに、貰う側の方が現場をよく知っている。補助金を貰う側も一緒になって補助内容を決めて問題は生じないのかと尋ねた所、「だから監査がある」と返された。「お金を出すから言うことも聞いてもらう」日本の補助金制度とは、訳が違う。補助内容を示す資料が欲しいと言ったら、どの機関でも州毎に作成された資料をくれた。それぞれ州によって書いてあることが違う。日本語で書かれた分厚い何冊ものマニュアルをめくるより、余白の目立つＡ４判の用紙にドイツ語で書かれた補助制度の方がずっと分かりやすい。

オーストリアの場合、「行政も現場も対等」と言うか、「行政マンも現場の人」と言った方が良いか。欧米は、市民が自分の権利に目覚め、市民革命などを契機に、みな一緒に、自分たちの社会を作ってきた歴史がある。自分が属する社会は、自分自身も直接的、間接的に参加して決める。また自分の個人の意見に反しても、みなで決めた事は守る。そして身近な社会は顔の見える世界で決まるのだろう。

彼らの国では、人知れず決まったルールに盲目的に従うことなど考えられないだろう。社会制度としても、オーストリアでは行政が森林所有者の意に反する事を定めないよう行政を見張り、逆に行政が言っている事をきちんと森林所有者に伝える役割を担った機

関がある。この組織は行政と対等の政治的パワーを持っており、そこで働く人は公務員とほぼ同じ待遇である

オーストリアの補助制度を説明した資料は、欠陥を追及したい人が見たら穴だらけだ。しかし、現場の当事者の手に届かない、見えない所で作られているのではない。彼ら現場も何らかの関わりを持って作成している。そのため、問題意識が文句や中傷にならず、建設的な意見となるのではなかろうか。問題があれば言えばよい。彼ら自身が、自力で、みずからの社会を良くしていけると思っているし、その方法も用意されている。関係者が皆で決めていくのであれば、まずは本来の目標が共有出来れば良いのだろう。現場に無理と無駄を強いる、異常なまでに完璧な形式を追求する必要もない。社会制度は、現実の世界で、意味あるものとして、いかに運用するかが、むしろ重要だ。

森林吸収量1300万炭素トンが現場で意味すること

京都議定書で約束した温室効果ガス6%削減を達成するため、日本の森林には1300万炭素トンの温室効果ガスの吸収が割り振られている（6%のうち3・8%）。その結果、2007年度から2012年度までの六年間に、追加的に年間およそ20万ヘクタ

ールの森林を整備することになっている。カウントできるのは、1990年以降に整備を行った森林で、数えられるのは一回だけとなっている。

カウント対象条件に合致する森林が、統計上はともかく現実にはどこにどれだけ存在するのか。あったとしても、所有者の了解を得て伐採できるのか。切って良いと言われても誰が切ってくれるのか。「(無理を言われて)もう大変だ」と言った都道府県の担当者が何人もいる。現段階でも、毎年全国で35万ヘクタールほどを整備しているそうだが、それにプラス約20万ヘクタールの整備が求められている。

前述したように、現場の作業者は約5万人。約1・6倍の森林を整備する人員をいきなり確保するのは難しい。すぐに人が育つ訳ではないし、一連の地球温暖化対策事業が終わったら解雇するというわけにもいかない。間伐した所で、残した木々が育たない事もある。それだけ土が痩せ、生命力を落としている森林もある。その森林の状況を見ないで型どおり間伐すると、二酸化炭素を吸収するどころか、かえって山林が持っている治山治水の能力を落とし、土砂災害を誘発する可能性もある。また一方では、森林吸収源対策に関わる公的資金が投下される事業の方が実入りがいいことがあるそうで、そちらに人手を取られ、通常の木材生産がそっちのけになっている所もあった。行政の大きさに、実作業をしている現場がついていけていない。現場は混乱している。

ところで、国際社会は欧米がイニシアティブを握っている。取り決めた内容はさて置き、その国際政治の駆け引きで、日本が一言挿入したような森林を吸収源とする決まりは、国内で遅れている間伐作業をカウント対象とした苦肉の策にも見える。国際社会の舞台で交渉に弱いと思われている日本がそこまで出来たのなら、実現の段階でも意味あるものにして欲しいと思う。

国がする事、地方に任す事

都道府県の担当者が、林道の補助金をもらうために事業計画を見てもらっていた時の事である。密に通る等高線をかわしながら蛇行した線を示した所、それを見た林野庁の担当者は、等高線に垂直に真っ直ぐな線を引き、「この方が効率的じゃないか」と指導したそうだ。スキーの上級者コースを真っ逆さまに滑り落ちるような林道である。人でも怖いのに車が通るのは無理だろう。現場に行くと、こんな話をよく聞く。

行ったことも見たこともない山の計画は、その山を知る地元の人に任せたら良いだろう。一方で、都道府県や市町村には、到底無理な仕事が山積している。その多くは縦割行政を超えるものである。

国はタイムスパンでもスケールスパンでも、もっとも大きいものを取り扱う機関だ。例えば国が推奨する高性能林業機械は、一般道を自走することができない。大型トラックかトレーラーで運ばなければならない。これは警察庁の道路交通法等に関係する。山へ向かう、のどかな里の道を想像して欲しい。重機を山の中に運搬するだけで一苦労である。山中での連絡方法の問題については、総務省の電波法も関係してくる。

時間や空間をつなげていくと、政策の辻褄が合っておらず、そこに生じるすべての矛盾を最後に現場が飲んでいる。

人工林の九割を超える杉、檜、松も、まず建築用材としての役割に期待がかかる。建築用材は高く取引され、山にお金を返せる可能性がある。しかし、現在の建築基準法等々の木造住宅をめぐる規則を見る限り、国産材をもっとも活かすことができる木造の建築が難しくなっている。そして木材流通の量や質、樹種など、ニーズに合った木材が今の国内市場では調達できない状況にある。需給のミスマッチである。産業分野を超え、建築産業等とも話し合い需要と供給のバランスを考えた資源の生産も重要であろう。

木材は早々と1960年に原木の輸入が、1962年には製品の輸入が解禁になっており、国内の産業基盤が整わない状態で早くから国際競争にさらされてきた。輸出のトレードオフとして大量の外材が輸入されてきた背景もあり、国内の森林や林業が犠牲になり、日本の高度経済成長を陰で支えてきた面もある。国内の他産業や海外との関係も重要である。森林や木材を国策としている国も多い。外国との交渉で、もっと強い日本であって欲しいと思う。これも中央官庁が本領を発揮する場だ。

補助が手厚すぎたと噂のスイス

オーストリアで大企業の森林官とスイスの噂をしていた時の話である。前述したように、木を集めるのに、「架線集材」という方法がある。スイスでは、この架線が長いほど多くの補助金を出していた時期があるそうだ。林道や作業道が伐採現場の近くまで整備されていれば、切った木はそこから車に乗せて運び出すこともできる。架線が長すぎると非効率な場合もある。皆が補助金の恩恵にあずかろうとしたため、スイスでは一時期、林道の整備が進まなかったそうだ。

スイスが補助金に依存し、架線で集材していた時代、他の国々では林道整備と作業の機械化が進んでいた。スイスは補助金が少なくなり、国際競争にされられた途端、自国の産業に競争力がなくなっていた事に気づいたのである。過剰な補助は産業の自立的で合理的な進歩を妨げるとは、まさにこういうことを言うのだろう。

補助金でもソフト、ハードの産業「基盤」を整えるものであれば問題ない。産業振興か、自然保全が目的かでも話は違ってくる。しかし調べていたオーストリアも木を収穫する前段階の補助はあるが、生産後の製品などには補助金は出していない。なぜならば、産業の競争力を直接的に支援する補助は過当競争を招き、不当に取引価格を下げ、産業全体を低迷させる可能性があるからだ。

ところが日本では、地方自治体の中に、他地域との産地間競争に勝ち残るためとして、生産後の販売流通に補助金を出している地域もあると聞く。特定の地域で設定された補助金により、当該地域の木材価格が競争力を持ち、国内の他地域が販売難に陥る事がある。木材製品の場合、それを受けて原料である原木価格まで下落するおそれもあり、森林保全にも影響が出てくる。地域の競争力をつけることも大事だが、自国の同業者を守り、さらには自国の森林資源を守ることが、巡り巡って自分の地域の持続的な発展につながっていく事も忘れてはならないだろう。

フィンランドでは、大規模な製材所に所有山林を貸す仕組みがある。製材所が伐採からすべての作業を請け負い、そしてその山林から出た利益を森林所有者と分ける。しかし、この森林官は、フィンランドの手法はオーストリア人には馴染《なじ》まないから、オーストリアには取り入れないと言った。他国を参考にしながらも、ほかの土地で成功したからと言って、そのまま取り入れるのではなく、まず自国の手法をみずから考え、見出《みいだ》す事を重視しているのだろう。

木の倒し方まで検査に来た！

ある森林組合の人の話では、切り捨て間伐で、木を切り倒す向きも指示している事業があり、指示通りに伐採、倒木されているか、県職員が一日がかりで検査に来た、というのがあった。「指示通りに倒されていない」と言われ、やり直したそうである。

この指示は、木が転落する危険を考えての事だろう。しかし、一本数百キロあるものを動かすのは大変だ。木の性質を読み、周囲との兼ね合いで、倒しても危険ではない方向を見定め、そしてその方向に、正確に伐倒する事自体が高度な技能である。

現場と行政が、お互いに目的を共有することは大事だが、そのやり方までマニュアル化してしまうのは、どうだろうか。作業をしている人は地元の人である。杜撰《ずさん》な仕事をすれば、その土地で彼らの評価は下がる。土砂崩れでも起きれば、その被害は彼らが属する地域社会が負う。そして彼ら以上にその山を知る者はいない。彼らの職能や経験が生かされるよう、現場に任せられる仕組みにすべきだろう。

また違う現場では、どうしても車両系の林業機械（高性能林業機械）で山に入るようにと、そこまで作業方法が決まっているものもあった。それに従わないと仕事を請けられない。こんな険しい急傾斜地に、どうしてこの大型重機で入って作業しなければならないのか。「死ぬほど怖かった」と熟練した技術者が話してくれた。

これらの指示が、公共事業か補助事業か、国の条件に地方公共団体が上乗せした条件か、国有林か民有林か等、木を切るにもいろいろあって、どれだかよく分からない。役所内では担当者の机は離れているのかもしれない。しかし、実際に山に入って木を切っている人にとって、治山事業だろうと、補助金の何事業の何メニューだろうと、同じ木を切る事に変わりはない。いずれにせよ、現場の林業従事者は五万人しかいないのだ。

一般の事業者でも行政に認定された事業体となれば、森林組合と同じような仕事もできるそうだ。先にも書いたが、通常の生産活動をしているより、公共事業を請ける方が、利が良い場合が多いだろう。また行政から補助金をもらいながら生産活動をした方が有利だろう。また行政に保安林に指定してもらった方がたくさんの補助金がもらえる。つまり行政の統制下に入り、その指示通りに働いた方が得である。その結果、逆に行政の手が届かない所で、自立的に生産活動している事業者が不利になっていく。いったいここは、何主義の国なのだろう。

国内でこれまで会った人の中で、補助金をもらいつつも、この制度に疑問や怒りを露《あらわ》にしない人は一人もいなかった。このままで良いわけがない。実際に木を育て、山を守っている現場から制度を見直す必要があると思う。

山林に関係する公共事業には、造林や林道、治山、砂防がある。行政投資実績に載《の》る四事業の合計は、近年のピークである1999年には1兆8000億円、2003年には1兆2000億円であった。先に説明したように行政から来るお金は国、都道府県、市町村が入れ子状になっている。最近、数百円ずつ新税を徴収している地方自治体もある。しかしその山は一つであり、どこの管轄の何事業であろうと、その山に入り、木を育て、森を守っている人に区別はない。一つの山を一元的に見る視点も重要であろう。

また日本では、国でも地方公共団体でも、担当者が数年で入れ替わる。筆者は、新しく来た担当者に、県庁内の誰に話を通せば良いか相談された経験がある。筆者の方がつきあいが長いからである。話が分かる（現場を知っている）行政担当者がいるうちに、話を通そうと躍起になる人もいる。数年で部署が変わるなら、人間の真情として、自分が担当している時には何事も問題が起こらない事を願い、事なかれ主義に陥る。気が向かない部署にまわされて、異動を待ちわびている人もいる。これでは積年の問題が解決されるとは思えない。逆に上昇志向の強い人なら、目先の評価に走るだろう。短期間で評価を数字に出すには、事業計画で予算が取れたとか、その予算で機械が増えたとか、施設ができたとか、道が延びたとかまでで、それでどうなったのか、本来の目的を達成したのかどうかの評価はしにくい。

予算を獲得するための計画作りや、それを分け与え、監視する制度作りに終わっていては、社会一般の感覚からズレてしまうだろう。また今の仕組みでは、その仕組み自体に問題がないか、無駄がないかを見直すプロセスがないに等しい。その前に、そもそも諸事業が細分化されすぎていて、全貌を分かっている人がほとんどいない。

公的介入が増えるほど地域がすたれる……

景観や観光、福祉などをテコにまちおこしで成功している地域には共通する特徴があると思う。その土地の人々がなんとかしなければならないと立ち上がり、問題に向き合い、市民みずからが考え、独自のやり方を編み出した点だ。現場からの発案である。その土地ならではの生活文化やこれまでの歴史を大切にし、その風土や気質を尊重しての成果である。

そもそも成功して名を馳せるような地域は、行政の関与が薄い、現場からの創意工夫に溢《あふ》れる所である。林業の先進事例として取り上げられる所も、その発意は現場にある。補助金で身動きが取れなくなっている森林組合の人は「新しい芽が生まれるのは、国の補助金なんて返してやる！という勢いのある地域だ」と言った。

こうした特定の地域の成功例を、国が吸い上げて、補助事業などの国が旗を振るプログラムに仕立て上げている様子も見える。そして補助金等と引き替えに、全国に向け画一的な規則、規制を敷いてしまう。しかし、成功の理由は、たいてい属人的・属地的である。個別の成功例を採り上げたところで、本来どこがやっていても然《しか》るべき基本的な取り組みならともかく、そこから全国で通用する要素を取り出すことは難しいだろう。

また、プロである行政担当者ならば当然知っていそうな内外各地の取り組みを、外郭団体やコンサルタント会社に調べさせたり、計画の下書きをさせたりもしている。調査の仕事を発注している行政の側は数年たてば担当者が代わり、受注している方も契約が切れればおしまいである。事業の成否が見える頃には、彼らはそこにいない。意志決定や計画策定プロセスが現場から離れ、制度疲労を起こしていると思う。事業の成否を受け止めなければならないのは、そこに残された現場の当事者や税を払う生活者である。

同じ苗木を植えたとしても、木々は同じようには育たない。自然を相手にする林業は非常に地域固有性の高いものである。そこに生き残りと復活の可能性もある。通常の産業でも、同業他社との違い、個性が成功の秘訣、生存の理由でもあろう。同じようなものを作っていては、低価格競争しかない。

行政は、特定地域での成功例のシナリオから一部分を取り出し、公的事業にして全国一斉に網をかける。公的資金の取り扱い説明書を作り、その意向に沿った計画をつくり、事業を実施するなら、お金を出すという仕組みである。

補助金を緩和したものに交付金があるが、交付金といえども、それを出している官庁の部署毎にヒアリングを受けなければならない。行政の意に沿わなければお金はもらえない。全国津々浦々、中央の指示が行き渡り、全国どこも似たり寄ったりになる。これが、日本がどこよりもよく出来た社会主義国だと言われるゆえんの一つでもあろう。補助金制度に翻弄される森林組合ではないが、手引き書をめくるのに精一杯で、自分で考えるまでに及ばない人も出てくる。そして自分で考えることを忘れ、気力を失う。補助金などを受ける側では、もらったお金を年度内に使い切らねばと、それればかりに気を取られている人もいる。もらったお金が多ければ多いほど、次に心囚《とら》われるのが検査、監査である。行政が言った通りにお金を使っているか、行政による厳しいチェックがある。

「やる気のある地域に集中投資したい」と話された行政官がいた。しかしこれまで、行政の言われるがままに、その指示に従い、順応してきた模範的な地域こそ、自発的な意思が萎《な》えた、やる気のないところだろう。

基本である地域や産業の基盤を整備する事業ならともかく、その競争力のキャラクターを左右する事業ならば、他地域にその成功が当てはまるとは限らないだろう。その成功は特定の地域でしか得られないものなのかもしれない。公《おおやけ》の力で、全国画一的な事業が展開されたり、施設が整備されたりすると、地域固有性が薄れていく可能性もある。

昔から林業地として成り立ってきた地域では、次々に展開される国の事業に戦々恐々としている所もある。事業は歴史的経過を踏まず、過渡的である。現場から溢れる創意工夫の芽を摘み、やる気や気力を奪った上に失敗したならば、地域の個性損失に拍車をかける。まさに行政のデフレスパイラルであろう。行政はこんな事を繰り返して来た面があるのではないだろうか。

もらう補助事業や公共事業が増え、公的な介入が増えるほど、地域は衰退する可能性を秘める。田舎では公の事業に頼らなければ立ちゆかなくなった地域もあるが、「卵が先か、鶏が先か」と問いかけてもみたくなる。

日本に合った日本人らしい仕組みを

何事でもそうだが、自分の思い通りにビジョンを描き、そのマニュアルに従ってもらい、一から十までコントロールするより、それぞれの個性を尊重し、その力をいかんなく発揮し、自発的に伸びる方がよく成長し、持続性が高い。そして後者の仕組みを考える方がはるかに難しい。国から地方にお金が配布されるほど、個性や発意、自立性が薄れ、競争力が衰え、地域社会が衰弱していく理由の断片が、ここにも見えてくる。片田舎には不釣り合いな、地元民も驚くような箱物が出現するのも、このような仕組みのお陰であろう。どこも似たような施設が建ち、立派な道路が延び、どこへ行っても同じような風景が広がり、そしてそこから人がいなくなる。

リアルな社会を支える仕組みは、実態を動かしている現場の当事者にとり、シンプルで分かり易いものが良い。人に右から左へと指示するだけの作業、人がしている事を見るだけの作業は、減らす方向で社会の仕組みを考えていくべきだろう。規制は規制を生み、形式は形式を呼ぶ、そこに公的負担がかさむ。現在のように、仕組みを難しく不透明にすることで、利益を得る者がいるのだろうか。また自分がした事に、具体的なフィードバックがかからない仕事では、自分のしている事が、現実にはどんな意味を持つのか分からなくなっている人もいる。そんな人の話を聞いていると、言葉が宙を舞っていて、怖い事がある。このようなオーバーヘッドが幅を利かせる社会は不健全だと思う。新しい何かを生み出そうとする人、実際に何かを動かそうとする人が萎縮《いしゅく》してしまう。危険を冒して山に入り、木を切っている人より、書類をめくっているだけの人がえらいというのは妙な光景だろう。

それぞれ皆が目的を持って、裁量と責任を併せ持つ健全な仕組みが肝要だと思う。そうすることで、日々改善が進み、合理化が進む。

人や地域を支援しても、その型を規定するような補助は好ましくない。以前の日本はわざわざ社会制度で明文化しなくとも、誰かに治められなくとも、個々人が抱く規律や秩序で治まってしまうような国であったと思う。それに一人一人が考えやこだわりを持ち、個性が強く、職人気質（プロ意識）も強いと思う。日本人らしい、その良さを今に生かす仕組みを考えていきたい。

第四章　公共財としての森と欧州の発想

公共財としての森

大抵の日本人は、「一度自分の所有となった土地に何を建てようと所有者の自由だ」と思っているだろう。自分が今から建てる家の壁の色や窓の位置まで、まちの計画で決まっていたら、我々日本人はどう思うだろうか？

こういう事がドイツでは現実にある。ドイツの都市や自然景観に無秩序が見えないのは、それなりに理由がある。冒頭の計画は、日本語で「地区詳細計画」と訳される「Bプラン（Bebauungsplan）」である。

ドイツの森林法でもオーストリアの森林法でも、森に立ち入る権利は万人に保障されている。オーストリア人はきのこ採りが大好きだが、他人の私有林に勝手に入って採取しても良い。森林への立ち入りは、散策や保養などの目的で認められている（もちろん、木を切ってはならない）。散歩好きのドイツ人もよく人の森に入って自然を楽しんでいる。彼らにとって、森はみんなのものなのだ。

日本の場合、そこが山であろうと私有林には、事実上無断で入ることはできない。荒廃林の整備を所有者に求めた所で、所有者が嫌と言えば何もできない。

オーストリアの森林法で、林道建設について書かれている箇所を紹介しよう。

まず、対象となる土地の三分の二が事業に賛成している者の所有である等の条件が揃えば、事業に反対した者も林道整備を行う組合の組合員にならなければならない。この組合が林道の建設費を負担することになる。組合で申請した林道整備コストに対する補助額も、所有山林面積で割り振られ、そして林道の維持管理費も大抵、所有面積で割り振られる。

また、例えば組合の山林内で斜面が崩壊した場合にも、それが他の所有者の山林であっても、復旧費を組合内の山林所有面積の割合に応じて供《きょう》しなければならない。どちらも木材販売による利益応分で割り当てられるのではなく、山林の所有面積で決められている。これは林業に限ったことではない。例えば共同住宅の雪下ろしを業者に頼むか否かという話し合いでも、そこに住む過半が賛成すれば、反対した者も等分の費用を支払って、皆で業者に雪下ろしをしてもらうことになると言う。

みんなで決めて、決まったら守る

欧州の方が個人主義であり、意見がバラバラで協調性がないように思える。それなのに、なぜ人が勝手に自分の所有林に入っても良いとしたのか。反対する者にも費用負担を課すことができるのか。日本人には不思議である。そこで日本の事情を説明し、森林官や大学教授、日本に留学経験を持つ現地通訳等、現地の人達といろいろ話し合った。雪下ろしの例は一種の社会的慣習だそうで、どうやらそういった慣習とも言える合意形成の仕組みを社会制度にも応用しているようだ。

フランス革命ほど派手ではないが、オーストリアも例にもれず市民革命の洗礼を受けている。欧州の国々には、特権階級等から権利を奪い返し、隣人と一緒に皆で自分たちの社会を作ってきた歴史がある。みなで国をつくってきた歴史を忘れず、市民も積極的に社会の意志決定プロセスに参加するのだと思う。自分が所属する社会のことは、直接的であれ間接的であれ、自分達で考え決めていかなければならないのだろう。

彼らと話していると「人任せにしない」という気の強さが伝わってくる。そこでは逆に、自分本位な意見は聞いてもらえないだろう。そしてたとえそれが自分個人の意に沿わないものでも、自分も参加して決めた事だから、一度決まった事は守るのだ。彼らは決して、人知れず誰かが作った規則に、おとなしく従っているのではない。

また彼らは「持てる者にはそれだけの社会的責任がある」とも言った。たとえそれが私権でも、権利と責任は背中合わせにあると彼らは感じているようだ。森林を持つ者が人の立ち入りをこばまない理由が、ここにもある。

みなで社会づくりを進める過程で、森林などは、みなのものである面を重視し、公共財としての立場が、社会制度上明文化されたようだ。

彼らは脈々と続く歴史の中の「今」を生きており、過去と未来を意識して現在をとらえているようで、時代から切り取られた刹那《せつな》を生きているのではないのだろう。そしてみなで決めた意志を尊重し守る事が、結果的に我の利益にも還って来る事を歴史的経験からも知っているのであろう。彼らは「今さえ良い」「自分さえ良い」という考えは、かえって不利益につながると思っている所がある。

先のドイツのBプランも、市民が参加し、みんなで決めるプランである（市町村の計画として位置付けられている）。私権や自由をも制限しているように見えるルールの下、そこに形成されるドイツの都市景観が、ドイツとドイツ人の評価を世界で高め、結果的に彼らに利益ももたらしている。

日本の素晴らしさは、意図的に造り出し保護してきたものではなく、知らぬ間にそこに姿を現しているものが多いように思う。自分より人に重きを置くような気質が自然発生的に生み出した調和とでも言えるかもしれない。

どこの国にも長所短所があり、欧州は日本とは比べものにならないほど深刻な社会問題も抱えている。しかし、個人主義で自己主張の強い民族が作ってきた社会の仕組み、公共財の社会的な位置づけなどは、やはり見るべきものがあると思う。それらを参考にしつつ、日本は日本人の気質を捉えた仕組みを、我々で考えて作っていくべきだろう。海外に合わせ、海外のやり方を取り入れるために無理な型を押しつけ、個々人やその集積としての地域社会の意志や気力を削いできた側面もある。日本と日本人の類《たぐ》い希《まれ》な特徴を生かし、その素晴らしさを世界が認めるような社会の仕組みづくりが課題であろう。

高規格道路で利益を得るモノ

ドイツのアウトバーンにしろ、オーストリアの州をつなぐ道路にしろ、日本から到着したばかりの筆者には、その低規格な造りが目に留まる。ウィーンから郊外のウィーンの森へ車を走らせていると、道が次第に田園風景に馴染《なじ》んでいく。そもそもガードレールにもお目にかからないが、仕舞いには車線もなければ街灯もなくなる。かろうじて舗装された道にあるのは、道端にささった反射板ぐらいであった。これなら作るのも簡単だろうし、維持管理も楽だろう。日本の地方へ調査に行くと目につくのが、何キロも行かないうちに遭遇する道路工事と、古めかしいタクシーに不釣り合いな真新しい道路である。田園や山村に新設される道路が、市街地のそれとまったく変わる様子がない。

道路を利用するのは人間だけではない。ある人の話だと、夜が暗い田舎では、明かりが灯《とも》る立派な道路に誘われ、トラックのライトをガイドに、マツノマダラカミキリがマツノザイセンチュウを抱えて北上しているらしい。この共生関係にある虫は、日本じゅうの松を枯らしている張本人である。この高規格道路が通っていない所では、この土地以南でも、まだ被害が発生していないと言っていた。日本全国どこへ行っても同じ風景を作り出す高規格道路は、松に寄生してやがてそれを枯らす虫も運び、その風景に立ち枯れの松を加えている。

産官学の風通し

オーストリアで、林業機械の台数や林道延長の経年変化を記録したデータを探していた時の話である。どこに聞いても統計が出て来ない。現況の値は分かった。林業機械の台数は、国の高官が空で覚えていた。ホントなのかと思って現場の技術者や林業専門学校の先生にも同じ質問をしたら、返ってきた数字が同じであった。過去の台数をしつこく尋ねたら、「今の問題を解決するのに何か関係があるのか?」と聞き返された。林道延長の方は、林道を専門とする大学教授が何も見ずに、森林種別の細かな数値を即答してくれた。

行政から研究者まで、揃いも揃って徹底的な現場主義の国である。彼らはリアルな現場に通じ、現場の問題を解決し、現場を支援するために行政の仕組みをつくり、必要な研究をし、理論をつくり、技術を開発している。そこには部外者が入る余地もなく、無駄もない。

オーストリアで、林産企業の技術者(森林官)の案内で山中の作業現場へ向かう途中、彼の携帯に大学教授から電話がかかってきた。携帯に繋がった車内のスピーカーから大きな声が聞こえる。「この前うち(大学の研究室)に来た日本人が今、車に乗っているでしょ！　よろしく言っておいて！」。筆者のオーストリアでの調査スケジュールは産官学で筒抜けになっているようだった。数日前に会った大学教授にこの企業へ行くと言った覚えはないし、その時、乗っていた車は大学のある州とは違う州を走っていた。また産へ行っても、学へ行っても、話に出て来る行政担当者の名前は同じだった。日本の県庁では、自分が属する課の課長とも話せない人もいるのに、オーストリアでは産官学の風通しは抜群である。

ところで、この車の主である森林官に、オーストリア林業の将来への課題を尋ねてみた。彼はまず研究開発に力を入れる事だと言った。そして現場は研究を求め、研究は現場を求めるとも言った。これが山中の現場を統率している森林官の言葉である。

目的主義、現場主義の国オーストリア

なぜ統計がないのか。この質問に木材の販売促進をしている組織の人が答えてくれた。統計を取ってどうするのか、具体的に何に使うのか等、その目的が漠然とした仕事をオーストリアでは誰も引き受けてくれないのだそうだ。逆に言えば、誰しも自分の仕事に対する明快な目的意識を持ち「何のための仕事なのか」本人自身が了承しなければ、仕

事をしないという事であろう。驚くべき目的主義の国である。

彼らの仕事ぶりを見ると分かるが、何より自分の生活が一番である。してもしなくても関係なさそうな仕事は時間の無駄になる。仕事の手順を示したマニュアルを与えられるのではなく、仕事の目的を与えられ、そしてその成果を求められるのであろう。後者の方が大変である。裁量も責任も自分にある。逆にこういう国は組織力で勝負する「ものづくり」は、あまり得意ではないかもしれない。

ところで、日本は非常に統計が充実した国である。統計がある事は良いことで、決して悪いことではない。これはオーストリア人もうらやましがっていた。

ところが、ある公共機関で国の統計書をコピーしようと申し込んだ所、「著作権の問題があるから、複写したいページをすべて書き出して、本と一緒にカウンターまで持って来て下さい」と言われた。

著作権と言っても、筆者がコピーしようとしているのは国の統計書である。そもそも国の統計は、多くの国民に国の状況を知ってもらうため、使ってもらうために作られているはずであろう。カウンターでは、複写前には本を一冊一冊めくり、複写申請されたページと照合する。そして複写後は同じ箇所がコピーされたか確認する。さらにコピー代の領収書をもらおうとしたら、コピー機は外郭団体の所持品だから、その事務所まで取りに行くように地図を渡された。歩いて行ける距離ではなかった。カウンターの人も外郭団体の人も、なんだかおかしいと思っている。しかし、どこから降ってくるのか、上から言われた事を守らざるを得ない。ここは本当に自由主義、民主主義の国だろうか。

現場にいる彼らの裁量に任せたらどうだろうか。彼らがその仕事にいちばん精通している。形式を守ること自体が自己目的化し、本来の意味を見失った仕事が多いような気がする。行政の形式上の都合ではなく、現場主義、目的主義の視点から、仕事を見直してはどうだろうか。個々人が、その仕事に対する明確な目的と、それに対する裁量と責任を持って取り組む。仕事に対する自負が生まれ、人からの信用と尊敬も得るだろう。その結果として、おのずと行政の合理化や効率化も図れると思う。

日本人の訪問者にとまどうオーストリア人

古色蒼然たる都ウィーンを首都に頂くオーストリアは、西欧でありながら東欧の色を帯びる国である。東欧への扉を開いているのは欧州の要《かなめ》、このオーストリアである。筆者が学生だった頃は、東欧を旅行するにはビザが必要で、ウィーンから目と鼻の先にあるハンガリーやチェコも随分異邦であった。ブダペストへはウィーン西駅から、プラハとプラディスラバへはウィーン南駅から発った。一人旅で随分緊張したものだった。日本で思い描いた憧れのヨーロッパ、留学生として生活した原色の欧州、そして研究相手となったヨーロッパ諸国と、ヨーロッパはまるで違う印象を私に残している。

調査で再訪したオーストリアは、学生時代と違い、遠い外国ではなくなっていた。オーストリアへ二回目の調査で渡航した時のことだ。初めて会った人に、「この業界であなたの名は知られている」と言われた。前回の調査では誰某《だれそれ》さんに会ったね、とまで知っていた。みな一期一会の、たった一度きりのインタビュー調査である。同じ機関に通っているわけでもなく、皆てんでバラバラの組織の人達である。返事に窮《きゅう》してその理由を尋ねたら、彼はこう答えてくれた。現地通訳だけ連れて、一人で来る日本人が珍しいのだそうだ。それに、分かるまで尋ねる日本人にも会ったことがないと言った。その彼が、これはオーストリアの秘密だから日本人には内緒だと、通訳に冗談を言った隣から、そこの所が聞きたいと筆者に切り返されれば、彼らも答えを誤魔化してもいられないだろう。

彼らが会う大抵の日本人は、男性何人かがグループを作ってやって来て、話に「うんうん」とうなずくだけで、ほとんど何も質問せずに帰ってしまうのだそうだ。確かにこのような調査では、本当の事はなかなか日本には伝わって来ないだろう。オーストリア人から見れば、この異国の民は何を考えているのか分からない。自分の話が分かったのか、分からなかったのかすら釈然とせず、結果的に「日本人調査団はオーストリアにさして興味がないのだろう」という印象を抱いていた。それならば何のためにオーストリアまでわざわざ来るのかと、理解に苦しんでいた。

国際会議や裁判の通訳などで欧米で活躍している知人がいる。彼らの話も紹介しよう。ある視察か会議で日本人調査団の通訳をしていた時、通訳が入ってもいないのに、ドイツ語の説明が終わるや否や日本人が「うんうんうなずく」のだそうだ。ドイツ語にもやたらに「うんうんうなずく」日本人を不思議に思ったのか、最後に「それだけドイツ語が分かっていれば通訳なんて要らなかったのでは？」と質問されたのに、それにも「うんうんうなずいた」そうである。

ドイツ人にとって、同調することは敬意を表する事でも好意を示すことでもない。日本人は同調してもらえず、意見に反対されると自分を否定されたかのような錯覚を覚える人もいるが、それは誤解だ。欧米人は個人の好き嫌いとは切り離された所で、人と話し合う教育も受けている。要《よう》は中身である。彼らは分からなければ分からない事を表明し、不愉快であれば不愉快であることを無理に隠したりもしない。彼らにとって自分の目の前にいる「うんうんうなずくだけ」の日本人は明らかに理解しがたい人であっただろう。

また、ある日本人グループでは、質問する前にまず団長さんに自分が質問して良いかを尋ねる人がいたそうだ。欧州人にとって、役人はそれぞれ各人が別個の分野の専門家であるはず。なぜ一人しか質問しないのか、どうも年長者に許しを請《こ》うているようだが、なぜ他の人は質問しないのか不思議でしょうがない。

さらに日本からは、異なる部署や組織の人たちが似たような調査で来ることが多いという苦情を耳にする。しかし現地で受けて立つ役人は常に同じである。その道の専門家であり、ほかにたくさん代わりがいるわけでも、そう易々《やすやす》と代われるわけでもない。下手をすると現地通訳も同じである。日本から着いたばかりの調査団そっちのけで「ついこの間も日本から同じようなテーマで調査団を受け入れたばかりなのに」という相手の困惑に、通訳が答えなければならないこともある。

日本の自然と感性が織りなした森と木の文化

ところで、在学生、数千人と言われる旧東独の大学（Bauhaus-Universität Weimar）で、筆者はただ一人の日本人だった。大学の事務からは、このバウハウス大に留学した戦後初めての日本人だと聞いた。

留学前に語学の資格を取るため、旧西ドイツのまちで学び、それから大学のあるワイマールへ向かった。東西統一後しばらくたっていたが、西側から来た私には、ワイマールはまだ共産圏に見えた。留学生はロシア、ポーランド、チェコ、ボスニア、ウクライナ、スロベニア、スペイン、イタリア、ギリシャ、スウェーデン、アンゴラ、イエメン、アラブ首長国連邦等々、様々な国から来ていた。同じ国の人でも、個人の信条や育ちによって、かなり違っていた。それを表現することも憚《はばか》らず、そうかといって自分と違う相手を否定もしない。話そうとする者の話もよく聞く。自分を語らず、よく知りもしない相手に同調すると却って不信がられる。グループや組織に自分が没する事も没される事もあまりない。周囲に合わせられないより、自分がないことの方が危機だった。国々がせめぎ合う大陸では、自国の宗教や文化、自分の思いや考えを守り、時には他国とけなし合い、また尊重し合って隣り合わせに並んでいる。口に出して主張しなければ、国がなくなってしまいそうだ。

この時の経験から、逆に日本と日本人について意識するようになった。海という自然の国境に守られ、森と川に恵まれた日本という国がいかに尊いか、そして自力で獲得する必要もなかった豊かな環境の中で、日本人が特異希《とくいまれ》な気質を育んできたことに気づいた。そしてそれを損ないつつあるようにも思う。グローバル化という名の下に、日本が日本人らしさを押し殺して来た面もあるだろう。海外の価値観の、それも表層だけが上陸し、筆者の分野で言えば、まず経済性第一の建物が建ち、その建物が並ぶだけのまちは、それなりの姿をさらしていると思う。

欧州の都市や自然景観が日本人から見ると整って見えるのは、彼らがそう創り、そう守っているからである。歴史や文化を守り、美しい国にしたいという意志の現れとして景観ができる。そこへ世界じゅうから観光客が押し寄せたりして、経済も潤うかもしれないが、それはあくまでも結果であり、それが当初の目的ではないと思う。旅行者も、観光にその身をゆだねるまちに、「もう一度行きたい」とは思わないだろう。

日本の地方に残る、なんとも形容し難い豊かで潤いのある自然環境や、しっとりと穏やかな歴史的町並みも、我々日本人が持っていた精神性を現すものだと思う。日本の自然と日本人の感性が織りなした森と木の文化もまた然りである。

第五章　建築基準法で建築困難に陥った伝統木造

自分の国の伝統木造が「既存不適格建築物」

子供の頃、蟬《せみ》が夏を告げ始めると帰った祖父母の家は、正真正銘の木造住宅であった。光溢れるまばゆい夏は、無垢《むく》の木製サッシに四角く切り取られ、その絵のような夏景色を、薄暗く涼しい座敷の奥から眺めていたのを思い出す。

玄関の式台《しきだい》は高く、子供の私には後ろ向きになって、背中をくっつけて腰掛けるのがやっとだった。玄関の地板《じいた》は黒光りし、暖かい岩盤のようだった。この地板は祖父が裏庭の防空壕にとっておいた欅《けやき》の一枚板でつくられていた。玄関の洗い出し土間には玉砂利が顔を出し、そこには棕櫚《しゅろ》の鉢植えが置いてあった。その鉢植えに隠れて、左手には縁側がのび、その右手に広間が広がっていた。そこには付け書院があり、書院窓は小さかった私達にはぴったりのサイズで、細い組子《くみこ》をつまんで窓を開けたり閉めたりしてお店屋さんごっこをしたものだ。

床の間には、室町や江戸時代に描かれた掛け軸が、丸まりそうな歴史を風鎮にのばされ垂れていた。そこには、古い昔の蒔絵硯箱《まきえすずりばこ》や真剣が鎮座し、「お行儀良くしなさい」と無言の教えを諭していた。二間続きの和室の間には欄間《らんま》があり、長押《なげし》の上には長刀《なぎなた》や戦国時代の武将が書いた手紙が飾ってあった。置いてあるだけで畏怖の対象であった鎧《よろい》甲《かぶと》や火縄銃、鏃《やじり》、覗《のぞ》いた自分も入れる大きな古い壺の中には、なぜか長い紐に繋がれた古銭が入っていた。こんな少し変わった障害物たちの間を縫って、従兄弟《いとこ》達とかけずり回って遊んだものだ。

長い時間が磨いた木の床は心地よく滑った。家屋の周囲に渡った縁側の曲がり角では、小さな体全体でブレーキをかけて、大人達におどけて見せたものだ。縁側は、外からの強い光が混ぜ合わされ、内と柔らかに馴染み合う空間であり、私達孫の恰好の遊び場であった。裏に回ると水面に竹藪《たけやぶ》を映す池があり、濡れ縁に座って、その中で泳ぐ錦鯉を目で追ったものだった。外だか内だか分からない緩衝《かんしょう》空間が家屋をぐるりと回っていて、肌に感じる季節がいつもそこにあった。

もともとこの家は違う土地に建っていた。それを解体して、この地に移築した。見上げた横架材《おうかざい》には、直径50センチはあろうかという無垢材が通っていた。角に製材されたものではなく、丸い曲面が見えており、手斧《ちょうな》か何かで仕上げたものだろう。これら部材をバラバラにして運び、もう一度この地に再建したのだ。解体しても一つ一つの材が長すぎたり太すぎたりして、家の前の小さな道からはみ出してしまい、運搬するのにご近所の庭を拝借したと聞いている。

今でもこの家は健在である。幼き頃の遊びの舞台となったこの家がなければ〝木造〟がどのようなものか、筆者も知らずにいたと思う。

この家が移築される前にあった二棟の木造住宅も、解体して近くに移築した。今でも人が住んでいる。この木造住宅もそろそろ喜寿か米寿であろう。伝統的な造りを重んじた木造住宅は七十や八十を超えたぐらいでは長寿をお祝いしてもらえない。檜材で出来たこの家では、冬場に暖かみを照らした紙貼障子を、夏には涼しい風を通す細い竹が並んだ簾戸《すど》に取り替えていたそうだ。

現在、このような神社や仏寺に系譜を辿《たど》る伝統的な木造住宅は、ほぼ建築不可能である。現行の建築基準法が許さないのである。２０００年に救済の道（性能規定による限界耐力計算）が出来たが、市井《しせい》の住宅でそこまでできるのは極一部《ごく》である。２００７年

6月の法改正で、さらにまた建築が難しくなった。我が故郷の家は、法以前から存在するがために存在を許されている「既存不適格建築物」である。現在の法の下、大々的に修繕しようものなら、足下から作り直さなければならない。

伝統木造を建てる事が、日本の森を守る事

伝統的な木造住宅の耐用年数は、それ自体で百年は超える。この手の伝統木造は、木を組んで作られているため、それを取り外していけば解体・移築できる。修理、増改築を考えた造りで、部材を取り替えれば寿命はさらに延びる。またバラされた木は古材として、新しい建築の材に再利用される事もある。

一方、至る所に接着剤が使われ、木どうしが大きな金物で留められている家ならば、痛んだ所を取り替えたり、部材をバラして解体・再利用もしにくいだろう。新建材には燃やすと問題が出るものもある。廃棄物量について言えば、家庭から出る一般ゴミ5000万トンに対し、産業廃棄物はその八倍の4億トンである。産業廃棄物を業種別に見ると、全体の二割を占める建設業で8000万トンである。むろん住宅ばかりではないが、建設廃材がいかに多いか分かるだろう。

また木造は鉄筋コンクリート造や鉄骨造に比べて生産過程でのエネルギー消費量も、二酸化炭素排出量も少ない。その中でも木の構造をあらわして造る伝統木造は、自然から収穫した材料を切ったり、組んだり、混ぜたりするだけで構成される事が多いので、環境への負荷はより少ない。

伝統構法は材料や技術のない時代からある建築で、環境に負担が少ないに決まっていると言われるかもしれない。しかし木材乾燥一つ取っても、今の工場での人工乾燥では何かとまだ課題があり、天然乾燥に勝る技術は今の所ない。天然乾燥の仕方も、その森や木との付き合いを知る人達が編み出した手法が良く、何をもって優れた技術、材料というかは難しい所である。木が分かる大工棟梁がいなくなり、良い天乾材を用意しにくくなった今は昔より技術も材料も乏しくなっているのかもしれない。

シックハウス問題は、新建材に含まれる化学物質からも起こっている。木組みの骨組みには土壁や漆喰《しっくい》、板壁など、同じ天然素材が馴染む。伝統木造は木と土と草、石等、自然の材料が基調である。伝統構法の家にはシックハウスの原因となるものが少ない。

木は大きくリグニンとセルロース、ヘミセルロースで出来ている。このセルロース、ヘミセルロースには、水を付着させたり放出したりする機能がある。これが木が持つ調湿効果の所以である。漆喰や土壁も適度に湿気を吸い取ったり、吐き出したりしてくれる。また、深い軒や縁側など、夏の暑さをしのぎやすいように、家の形にも工夫がされている。自然な通風で新鮮な空気が常に入れ替わるような構造にもなっている。

そして伝統木造は、そもそも木材の使用量が多い。しかも、その耐久性を考えると、我が国の高温多湿な気候にあった木材が理想である。つまり国産材利用が基本になる。

しかし、現在一般的な木造住宅の部屋は、木の骨組みが壁に隠された大壁《おおかべ》になっていることが多く、そこで使われる木材の多くは外材である。このような壁に覆われた住宅でも、和室だけは木の風合いが大事にされ、今でも国産材が使われている事が筆者の調査からも分かっている。

絵に描いた理想を説明するようだが、木の生長する時間は、木造建築の耐用年数とほぼ同じと考え、循環のサイクルを作っていた地域もある。家を造るために屋敷林や所有林を切り、同時に植林すると次に建て替える時には、木がちょうど大きくなっているという循環のサイクルである。人為を加えて植林した1000万ヘクタールもの人工林を少しでも持続的利用の輪にのせるためにも、こうした取り組みは必要だろう。

木は、切っては植え、切っては植えと繰り返せる、枯渇することのない、島国日本の貴重な資源である。中でも建築用材は高い値段で取引される。少しでも利益につながれば森林資源の再生産意欲も高まる。日本の1000万ヘクタールに及ぶ人工林の九割は杉、檜、松であり、これらの針葉樹は元来、建築用材として切って使われる事が前提で植林されている。これが使われず、切られず、放置されているのが問題となっている。大きな材や横架材にする樹種が取れないなどの資源分布の問題はあるが、木を中心に単純加工された自然素材で構成する伝統構法ならば、住宅資材のかなりの部分が国内で自給できる可能性もある。

本書の始めに触れたが、その量だけ見れば、木材は莫大な国内需要をまかなえそうなぐらい眠っている。伝統構法による木造住宅産業は、国内資源や地域文化との結びつきが深く、衰弱する地域社会を救う地場産業でもある。歴史的景観を創ってきた地域には、今でも大工棟梁を始めとした職人集団が控えているものである。

しかし、このような特長を持つ伝統構法は、今となっては建築基準法を随所で破ることになり、様々な今日的な問題に答え得るスーパーエコロジーな木造住宅とは呼んでもらえない。

祖父母の家ではなく筆者が生まれた家は、若かりし両親が買った建て売りで、いきなり白蟻に遭遇した。二軒目の家では、幅木《はばき》の上に光る接着剤のあとを見つけて、子供心にこの家は糊でくっついているのかと思った。二軒とも建築確認申請書の第一面、建築物の構造の欄には間違いなく「木造」と示されているはずである。そして祖父母の家も同じ木造である。

筆者が住む東京の小さなマンションにも木目が見えるが、そのすべてはフェイク（にせもの）である。マンションの内装で、木目調の塩ビシートを無垢材ですと語った説明員の話が、雑誌に出ていた。その説明を聞いている人もそれが嘘だか本当だか分からない。本当に怖いことである。多くの人が無垢の木材を触ったり、見たりしたこともなく、そして我が国本来の木造住宅がどんなものだったのか、記憶さえないのである。筆者も故郷の家がなければ、重い緞帳《どんちょう》が閉まる寸前に、その終幕を無理にとめる気持ちにはならなかったと思う。

伝統構法とは、どんな造りなのか

凌霄花《のうぜんかずら》や百日紅《さるすべり》が大きな古木の間で咲き乱れる庭で、駆けずり回って遊んでいた時、体をかがめてのぞいた祖父母の家の床下は、柱がすくっと伸びて平らな石の上にのっているだけであった。

ここから建築基準法に違反している。建築基準法施行令第四十二条の二項には、土台は基礎に緊結しなければならないと書かれているからだ。いきなりこれを破ることになる。そもそも土台らしきものがない。土台がなくても柱が基礎に緊結されていれば良いが、緊結もされていない。せいぜい引っ掛けるためのダボが入っているぐらいだ。柱が礎石《そせき》にのっているだけで、上部の建物が基礎に緊結されていない。これを「石場建て」と言ったりする。この石の基礎は、石据《いしずえ》基礎等と言われている。現在の作り方だとコンクリートの基礎に、その上にのっている建物をアンカーボルトで固く留めなければならない。

建築基準法は1950年、第二次世界大戦の五年後にできた法律（前身は市街地建築物法）である。それ以前、戦前の木造住宅、特に木を組んで作る伝統的な木造住宅は、一体どのようなものか、戦後多く建築されてきた一般的な在来工法の木造住宅と比べながら述べてみたい。

国土交通省が出している「建築統計年報」によると、建築工法は「在来工法」「枠組壁工法（ツーバイフォー）」「プレハブ工法」の三つに分かれている。

枠組壁工法（ツーバイフォー）は北米から入ってきた「柱のない壁でもっている木造」である。プレハブは工場で大量生産された部材を現場で組み立てる建物である。

ここでは在来工法だけを取り上げる。在来工法は、枠組壁工法（ツーバイフォー）の壁に対して軸組、つまり木の骨組みでもっている木造である。この在来工法の中に、実に様々な木造が含まれる。祖父母の家（伝統構法）から筆者が育った家（現在一般的な在来工法）まで、すべてこの範疇《はんちゅう》に入る。

本書では便宜上、伝統構法と現在一般的な在来工法の特徴を次頁の表のように整理してみた。現在の建築基準法をクリアするため、現在建築されている伝統構法と呼ばれるものの中には、両者を折衷した建物もある。

しかし、伝統的な造りの木造住宅と言っても、人により想像する建築はまちまちである。いつの時代の、どこの地域の、どんな造りかで、実に様々である。大工棟梁達が己《おの》が技能を競い、二つとない現場で工夫を凝らし、唯一無二の無垢材の性質を活かして組み上げ、建ててきたものだから、違って当然だろう。

同じ差し鴨居（指し鴨居）でも、筆者も富山の「枠の内造」ほど成《せい》のある（上下の幅が広い）ものを、まだ見た事がない。一方、古民家でも差し鴨居がほとんどない構造も

伝統構法	現在一般的な在来工法
◎石場建てで建物が基礎に緊結されていない ◎木が縦横に組まれた構造（横方向にも足堅めや通し貫、差し鴨居等が通る） ◎接合部は木組み （和室以外でも、木の構造が見えている事が多い。その間には土壁や漆喰壁、板壁などが入っている事が多い。）	◎基礎のコンクリートに土台の木が緊結 ◎筋違や構造用合板等を付けた構造 ◎接合部は建築金物で固定 （和室以外で木の構造が見えている事が少ない。壁は新建材で覆われている事が多い。）

ある。伝統構法ではなく、今一般的な木造住宅で鴨居と言えば、仕上材である。また貫《ぬき》は、時代と共に構造材から下地材に移り変わっていく。このように地域や時代により部材の使い方にも違いがある。また建築家や研究者により、それぞれ持論があり、見解も異なる。

耐震実験を重ねられている先生が、伝統構法はこれからの研究分野だとおっしゃっていた。いま構造解析もされている最中であり、まだ伝統構法の定義もはっきりしていない。後で大工棟梁へのアンケートも紹介するが、こういった社会科学的な調査も大事であろう。本書を通じ、伝統構法への関心が少しでも広まり、伝統構法の見直しに追い風になることを願っている。

そこで本書では、筆者の遊びの舞台となった祖父母の家を思い出しながら、社団法人日本建築大工技能士会の大工棟梁の協力を得て続けている調査をもとに話を進めていくことにする。筆者が話を聞くことのできた大工棟梁達は、伝統構法を知る、腕に覚えのある技能者である。墨付けや刻みができない大工が多くなった今、希少な存在である。

(壁の造りなど伝統構法の部分的な要素を可能にする規則が、1980年代半ば頃から、ようやく出来始めた。本書では分かりやすく書くため、このような規則の説明は端折《はしょ》っている。）

地震で揺れても倒壊しない造りとは

まず、多くの大工棟梁が伝統構法の特徴としてあげる足下、軸組、接合部についてとり上げる。

伝統構法は、揺れる地面と縁を切った、木で縦横がっしり組まれた粘りのあるしなやかな構造だと言って良いだろう。足元もしっかり木で組まれ、構造が裂けたりせず、また部材が華奢《きゃしゃ》で押し潰されたりしなければ、大地震の時には、なんとそのまま、石の基礎からズルッとずれるのである。そうして倒壊せずに大地震に耐えるのである。伝統的な造りの木造寺院が、ある大地震で石の基礎からずれて、次の大地震で元に戻ったという小話を、棟梁が話してくれた事がある。余程の地震でなければ動かないが、これも伝統構法がそう簡単には倒壊しない理由の一つだろう。

横方向にも足堅めや地覆《じふく》、通し貫や長押の類い、差し鴨居等が通っており、地震で揺れたとしてもペシャンといかないのである。傾いたら、引っ張って元に戻すこともある。

都市部では土地柄、壁に覆われた、縦に細長い戸建てが多い。それに比べ伝統構法の家は一階が広く、平面的なバランスも良く、たとえ地面に固定されていなくても、揺れて浮く心配が少なかったのだろう。

大工棟梁は、まずゆるい地盤は避け、さらに建築前の地面を整える「地固め」がとても大切だと言う。今で言う地業《じぎょう》だろう。また建物に地面の揺れが伝わらない工夫もあった。現代では、ビル等にゴムと鋼板が交互に積層した免震装置が設置されていることがある。これと似た装置を粘土や砂、石等、近くで採れる材料を敷き重ねて造っていた建物もある。

現在の建築基準法の基本では、「木を横に寝かした土台をコンクリート基礎に緊結すべし」となっている。しかし祖父母の家には、石の基礎はあっても、その上に木を横に回した土台がない。地面に接する石に到達しているのは、木を横に寝かした土台ではなく、木を立てたままの柱である。木は横にするより縦にした方が強い。

筆者は、大工棟梁や文化財の修復を手がけている建築家について、昔の建造物も見学している。その中には、土台（や地覆）が回っていたり、筋違《すじかい》があるものもある。今とは仕組みそのものが違っていて比較もしづらいが、土台の有無ではなく、問題はその材と全体の造りであろう。ある棟梁は「コンクリートに寝かした横木（土台）で建物の荷重を受けるのは賛成できない」と言っていた。それだけではなく、土台に柱がちゃんと刺さっていないものもあって、水はけや揺れ等に対して問題があると言った。伝統構法の改修時には、地面に近い部分は根継《ねつ》ぎをして修理することが多いが、現在一般的な在来工法の木造で土台取替となれば、大抵建て直すであろう。

木材自体も、今は伝統構法に比べ細いこともある。ある企業の方は、土台に外国産の木を使っていた事を反省されていた。我が国の気候風土に合わない木を不適切に使えば、湿気や白蟻、腐朽菌等にやられて腐ってしまう。

現在一般的な在来工法では、基礎コンクリートの上に見えるのは、新建材の壁で、土台の木が見えはしないだろう。ただ、建てている最中に薬が染みこんで色がついた木材をご覧になった方もいらっしゃるかも知れない。現在では、土台には薬剤が注入されていたり、少しでも風が通る隙間ができるよう、基礎と土台の間に小さな基礎パッキンが挟まれていたりする。「土台は基礎に緊結しなければならない」という現在の法制度下で現場は苦戦している。風通しを良くしようと、コンクリート基礎に直接換気口を開けていた時期もあるが、当然そこは脆《もろ》くなる。筆者が育った家にもコンクリート基礎に換気口が開いているが、見事にそこにひびが入っている。

伝統構法の木造住宅は、床高も比較的高く、足下がよく見える建物が多かった。風通しも良く、床下の点検も簡単であった。見えていればすぐに直せ、また直しやすい造りでもあった。腐らないように、虫に食べられないようにと薬を使うのとは考え方が違う。

伝統構法は建築基準法の蚊帳の外

祖父母の家の戸をあけはなって、庭から中を見ると、柱が幾重にも重なって見える場所があった。建築基準法は柱の規制もしているが、どれだけ筋違や合板等が入っているかで構造耐力を判断する。壁自体の強さやその配置もあるが、「壁に覆われている程強い」となる。そのため、伝統構法で見られる、木の骨組みが外からの光に透けて見える光景はあまりない。

伝統構法による木造住宅は、縦横に木が組まれた骨組みが基本であり、壁の強さ、壁の量が重視される建築基準法では蚊帳《かや》の外だ。そもそも構造に対する考え方が異なっている。もちろん伝統構法にも壁はあり、その耐力も認められている。貫や長押（構造材）等が水平に通れば、面的な発想もできる。しかし、現代のように覆われた壁にところどころ窓を開けるのではなく、縦横の骨組みの間に壁を塗り込める、あるいは嵌《は》め込むといったイメージである。

戸を開け放ってみると、通っていく風と一緒に、裏から居間の向こうにある庭が見える。建築基準法に従った今の在来工法では、そういう状況は生み出しにくいだろう。祖父母の家では、部屋の中から、光や雨に溶けた庭の緑が、陰となった黒い木枠の大画面に切り取られて見えた。日常生活の中で息づく光景であった。内と外の関係に繊細な趣向が凝らされ、光の陰影も大事にしていた。いま一般的な在来工法とは、同じ木造とは言い難いほど構造が違う。

伝統構法は、人の感性や技能を駆使し、自然を居住空間として再現している趣きがある。家屋が人と自然との関係を巧みに取り持っているような気もする。高気密高断熱住宅のように、自然との関係を遮断する気持ちが見えない。

祖父母の家で過ごした子供の頃の記憶にクーラーが登場しない。暗く涼しい座敷の奥にいると、夏は終日日陰をつくり、風が通る大樹の下にいるような気がした。軒の出が深く、緩衝帯としての縁側や濡れ縁もあり、夏はほとんど太陽光も室内に差し込まない。開け放てば風を遮るものが少なく、風通しが良い事もあるだろう。無垢の木や漆喰、土壁に、湿気を吸ったり吐いたり、適度な調湿効果もあるせいか、夏の記憶もなぜかさらっと湿度が低い。またこの内と外の緩衝空間を閉めれば、冬は冷気が直接室内に入って来ない。それも幸いしてか、お正月の記憶もそう寒々としたものではない。

大工棟梁の思いとは真反対に進む規制

沓脱《くつぬ》ぎ石《いし》で靴を脱いで、庭から家の中に入って行こう。現在一般的な木造住宅では、和室以外で木の柱を見かけることもあまりないだろう。しかし、祖父母の家では、縦横に渡った木の構造が見えている。

しかし頭をぐるりと回してみても、天井を見上げても、どこにも金属は見あたらない。もしあったとして、六枚の葉を広げた六葉《ろくよう》の飾りが長押に見えるぐらいである。釘ぐらいは打たれていると思うが、伝統構法の家は木どうしが組まれてできた建物で、今に言うプレート状の建築金物は使われていない。今一般的な木造住宅の部屋の多くは、大きな壁に囲まれており、その壁をはがしてみれば、柱や筋違等の構造材の接合部には板状の建築金物がビスに打たれて張り付いていたり、ボルトが木を貫通していたりするだろう。たくさんの洋釘も打たれている。古建築に和釘が打たれている事もあるが、今の金物とは、形も質も使い方も異なる。

それでは、木はどのように組まれているのだろうか。木を継ぎ足し、縦につなぎ合わせる方法とその接合部を「継手《つぎて》」と呼び、木を縦横交差させて接合したり、ある角度を持ってつなぎ合わせたりするのを「仕口《しぐち》」と言う。木を切欠き、組んで、堅木《かたぎ》の車知《しゃち》や込栓《こみせん》、楔《くさび》を打って留める。適材適所でいろいろな継手、仕口が使い分けられる。「蟻継《ありつ》ぎ」「鎌継《かまつ》ぎ」に始まり、「追《お》っ掛《か》け大栓継《だいせんつ》ぎ」や「金輪継《かなわつ》ぎ」「いすか継《つ》ぎ」等々。仕口では「片下げあり」や「地獄ほぞ」等々、いろいろある。

この継手や仕口は棟梁達が工夫を凝《こ》らす所でもあり、どう組んであるのか、その解明が大工の中で流行《はや》ったものもある。有名なものに大阪城大手門控柱の継手がある。難しい継手や仕口ができず、木を突き付けでつなぐ職人やその接合部を「げんぞう（源造、現造または見参）」と言い、大工棟梁は軽蔑している（逆に突き付けがぴったり合っているのなら、腕の良い職人であり、数寄屋等では精度の良いげんぞう仕事が必要な時も）。

伝統構法の基本は木組みであり、パズルを解くように、その結び目を解いていけば、バラバラになる。祖父母の家もそうやって解体し移築した。増改築や修理も可能で、腐ったりした部分を継ぐことも、そう困難な事ではない。もともと腐りやすい水回りを下《げ》屋《や》におき、母屋から取り外しやすいように考えられている家屋もある。骨組みだけ残して内装を変える事もできる。今風に言うと「スケルトン・インフィル」構造である。ばらされた古材はプレミアがついて、そこだけ引き取られて新しい家の部材として蘇《よみがえ》ることもある。

建物の構造部材としては、時間と共にたわんだりすることもある。しかし木材そのものは、切って数百年は次第に強度を増すのをご存じだろうか。年月を経た弦楽器の音《ね》が好まれ、数百年前に作られたバイオリンが音楽家の間で何億という値段で取引されるのも、こういう木の性質による所があるのかもしれない。伐採してから何年経過していたのか知らないが、祖父母の家で防空壕に取ってあった欅を板に加工しようと思っても、堅くてなかなか歯が立たなかったそうだ。欅は伐採して山で三年から五年寝かし、辺材《へんざい》の白太《しらた》を腐らせてから里に下ろし、製材してもまだ寝かしておくような木でもある。木は時と共に色艶を増す不思議な材料だ。

この継手、仕口という大工棟梁の腕の見せ所の一つを真っ向から否定しているのが、「平成12年建設省告示第１４６０号」である。この告示では、接合部に金物を使用するよう事細かに書かれている。木を刻んで組むのではなく、どのように金物で接合するかが書かれているのだ。要は、金物がなければつなげない〝げんぞう〟大工向きの規則である。（この金物を取り付けるのは、地震で揺れた時、筋違等を付けた家だと、その接合部に大きな引き抜き力がかかるためでもある。）

よく言われる事に、木を金物で固定した部位で起こる結露の問題がある。腐食は木材の天敵である。何年か経つとボルトが緩んでいたり、告示が示すように、釘やビスを打つと、木が割れる事もあるそうだ。建築金物も進化しており、使い方次第で接合部の補強に優れる場合もある。しかし行政から「とにかく金物を打つように」と言われると聞く。戦後の混乱とその後の建築ラッシュで生まれた、道具を持っただけで大工となったような人（終戦大工とも呼ぶ）がつくった木造住宅が、大地震で倒壊したのを目の当りにして、規制せざるを得なかった気持ちも分かる。しかし、この告示をまともに守ると、和室の中にもボルトやプレート状の金物が光る事になる。

伝統構法は2007年から再び建築困難に

ここまで伝統構法と現在一般的な在来工法で、その違いがよく取り上げられる足下や軸組、接合部について見てきた。建築基準法が定める仕様規定をかなぐり捨てて、祖父母の家を新しく建築しようとすると、難しい限界耐力計算をしなければならない。これに加えて、２００７年の法改正で適合性判定に回されるようになった。計算し、書類を作り、手数料を払うとなると、時間も費用もかさむ。要するに、ほとんど建てられない。純粋な伝統構法を守り伝えてきた大工棟梁は、いま仕事が出来ないと聞く。

先日、最近建てられたばかりの、伝統構法を基調とした木造住宅を見学してきた。数寄屋風の粋な木造住宅であった。現在の法の下、足下はコンクリート基礎で見えず、開け放っても壁があって、視野が通るわけではない。しかし伝統を今に伝えようとする建築家と大工棟梁の思いの結晶である。棟梁が追っ掛け大栓に意匠を凝らした継手を指さし、嬉しそうに説明してくれた。柱梁から床板、引き戸に至るまで、すべて産地も分かった国産の無垢材で作られているのに、工費の都合か既製品が取り付けられている所があった。本物の中に紛れ込んだ模造品がこれほどまでにチープに見えるのかと、変な感動をした。

この数寄屋風の木造住宅の建築費は、現実的な相場観で言うと、少し高めの住宅メーカーと同じである。そもそも数寄屋がどのような造りなのか、その良さを知る施主（建築主）もそれを設計できる建築家も、さらに建築できる大工も、非常に限られてきた。

日本にしかない建築であり文化である。残念で仕方ない。

筆者の実家にも和室がある。和室は、木の構造があらわれた真壁《しんかべ》で、床の間や掘り炬《ご》燵《たつ》、雪見障子がある。掛け軸が垂れ、庭の花が生けてある床の間を見ると、窓に背を向けて座っていてもその季節が分かる。さすがに和室は年季のいった棟梁が造ったと聞いている。

真壁造りは、構造がすなわち意匠であり、美しい空間はその美しい造りを意味する。失敗や手抜きを壁の向こうに封じ込める事は出来ない。テレビが置いてある南向きの洋間もあるのだが、なぜか人が集まるのはこの和室である。掘り炬燵は一度足がはまると出られなくなる誘惑もある。犬達も縁側や畳の上で体を伸ばし、寒くなると炬燵蒲団の上で丸まってお昼寝するのが好きだった。

ここの障子を開けると見えるのは、祖父がくれた凌霄花《のうぜんかずら》である。蝉が夏を告げ始めると次々に咲き乱れ、百もの花をつける。凌霄花は古色の想い出を、いま色鮮やかに咲かせる花だ。

木造建築の失われた戦後

我が国の木造建築の歴史には、戦後、失われた時間がある。それは建築基準法が出来た頃から1980年代後半まで続く。この間、普通の家の大きさを超える大きな木造は、特例を除き、ほとんど建築されていない、というより、建築基準法により、建築できなかったのである。林知行先生（森林総合研究所）は、昭和三十年代頃から昭和六十年代頃までを「木構造の暗黒時代だ」と話して下さった。

法隆寺は世界最古の木造建築である。韓国人の友人が、「法隆寺は韓国人がつくった」と学校で習ったと苦笑していた。大陸から伝えられた建築技術を用いながら、日本の気候風土や日本人の好みに合わせることで、日本の建築様式が出来上がってきた経緯がある。海の外から自国の技術による建造物だと主張したい程、我が国の伝統木造は素晴らしい。しかし当の日本では戦後の長い間、伝統を継承した純然たる木造建築も、また大架構の木造建築も、特殊な場合を除き、建築基準法があって建築できなかった（規模だけでなく、防火に関する地域指定なども関係がある。また構法上の規制については前述した通り）。建築したいがために、行政に提出する書類では「建築物」ではなく、「工作物」として通したものもあると聞いた。

欧州には、戦中に爆撃されてバラバラに飛び散った石を、どこにはまっていたものか現代の技術で突き止め、古い教会を再建している国だってある。建築物や町並み、景観を見ていると、その国や人がどのような考えを持っているのか、分かってしまうものである。

米国のワシントン大学の教授が、米国の木造住宅はどこへ行っても同じようなもので、ほとんど地域性もないと残念がっていた。あれこれ継手や仕口を考えたり、宗教建築で培われた技術を住宅に応用したりするには、歴史が短すぎる国もある。振り返って我が国では、伝統を継承した建物を建築しようとすると、国の法律や制度が邪魔し続けているのである。むしろ現代技術を駆使し、社会制度に工夫を凝らし、歴史や文化を守り、伝統的な技能を継承発展させ、将来に伝えていかなければならないだろう。

大学で建築を勉強した人で、貫《ぬき》や車知《しゃち》込栓《こみせん》の意味を尋ねられて、正確に答えられる人はめったにいない。建築史の中で、古建築として習ったことはあるかもしれないが、それは歴史としてであり、今まさに建築されているものとして、ではない。建築史を専攻した者でない限り、追っ掛け大栓や金輪継ぎと言われても、何のことか分かる人は、ほとんどいない。

実際に建てるための伝統構法については、戦後の長い間、教育も研究もほとんどされてこなかったのである。つまり、建築家と言われる人も、その中で構造設計をしている人も、ハウスメーカーで設計や営業をしている人も、国で法律を作っている人も、地方公共団体で建築の確認申請をチェックしている人も、そもそも日本の伝統的な木造住宅が一体どのようなものだったのか知っている方が珍しい。この事は、現在見られる農山村から都市に至る景観にも、少なからず影響を及ぼしているだろう。木造建築の失われた戦後はあまりに長く、失ったものは計り知れない。

また伝統構法は、研究がほとんどされていなかった時期も長い。構造を解析することも難しく、安全性に対する数値的根拠がまだはっきりしていない面もある。大工棟梁が「好きに造らせてくれ」と言ったのを聞いた事があるが、伝統構法を今に普及させるためには、棟梁の勘に科学的根拠を与えていく事が非常に重要だと思う。長所も示しやすく、欠点の改善にも道が開ける。ただ直感的に耐力がある、ないという表現だけでなく、具体的な実験等を通して性質を知る必要もある。

科学は規制の材料を増やすためのものではなく、むしろ技術や文化を発展させるためのものだろう。数値で根拠が得られないものを排除するのは、科学の間違った使い方だ。規制内に収まる建物しか建築できなくなる法は見直す必要があるだろう。

また林業の補助制度もそうだが、根本的な問題解決ではなく、むしろ社会から問われた時に責任を回避できるように、次々に規制が増える様子も窺《うかが》えなくもない。行政の都合ではなく、ものをつくる現場からの視点で制度設計をすべきだろう。

祖父母の家に思いを馳せ、大工棟梁や建築家が苦戦し、今に再現する伝統的な造りを重んじた木造住宅に身を置くと、どうしたら伝統構法やその空間性を現代に取り戻せるかと考えるものである。そこには、えも言われぬ素晴らしさがある。伝統構法にまつわる研究者、設計者の多くは、実体験から伝統構法を守ろうとしている。ある棟梁は「学が邪魔する」と言った。科学を軽んじている訳ではない。しかし数値に囚われる科学は万能ではない。科学は研ぎ澄まされた生き物としての感性や、偶然や必然を生む長い歴史の積み重なりに、あらがうことはできないだろう。

第六章　大工棟梁たちは何を考えているのか

もとはバラックを規制するための法律

建築基準法はそもそも、戦後のバラック建築を規制するために出来た法律と聞く。バラックを規制する線を引いたら、バラックぎりぎりのラインでしか建築できない職人とその建築を大量に作り続けてしまったのかもしれない。建築基準法があったにもかかわらず、戦前の建物よりむしろ、戦後三十、四十年ぐらいの間に建築された木造住宅に怪しいものがあると言われるのはこのためであろう。

意識や技能レベルが低い業者を取り締まるため、最低レベルの底上げをねらった画一的な規制が強化されている。その結果、高い技能を持った技術者を阻害し、施工に対する誠意を削ぎ、平均的な職能もますます低下する可能性がある。さらに質の悪い施工者を増やすことにもなりかねない。職能の差を問わずに安全性を確保しようとするあまり、高い技能や伝統的な構法が排除されてきた。

木造住宅レベルの建築で安全性を担保するのは、規制ではなく施工者一人一人の誠意と技能が大きいと思う。これが、同じ様な木造住宅でも、地震で半壊・倒壊するものがある一方で、びくともしなかった木造が存在する理由の一つでもあろう。木の刻み方、釘一本の打ち方でも、施工者の意識と技術により差が生じる。木造住宅は、その集大成として成立する。

すべての安全性を机上で期すことは不可能である。規制を強化し現場を硬直化させるほど、現場からの創意工夫は削がれる。最低限の規則を守るだけの単純労働では、技能は向上しないばかりか、むしろ衰退していくだろう。その結果、次々に増える規制の本来の意図が形骸化してしまい、決まりを骨抜きにしてしまう可能性もある。問題発生の度に、根本から論じるのではなく後追い的に規制を上乗せしても、本質的な解決にはならない。公の関与を増やさない方向で、人を育て、産業の自立性を高める事が必要だと思う。

規制を上乗せして公の関与を増やし続ければ、公的負担が高まり、その結果、税金が増えることになる。さらには家にも、家そのもの以外にかかる費用も増えており、その負担は施主にのしかかっている。

自分で考え、判断でき、技術を持った技能士（職人）を育て、その社会的地位を明確にし、尊重することが重要である。現場の技能者を、安く早く働けば良い労働者として扱えば、彼らの良心の働きも鈍る。建築するのは彼らである。木を見て割れが出ないように釘を打つのも、力のかかりにくい場所を選んで木を接ぐのも、彼らの技能や誠意にかかっている。その大前提が崩れては、机上で行われる設計や構造計算、検査はまさに空論であろう。人の経験や感性による職能や技能を軽視し、これ以上、現場を疎《おろそ》かにする事は危険である。

買った家なら訴訟もあり、仲裁も必要だろう。しかしまだ家は「買う」のではなく、「建てる」ものとする人や地域も残っている。そこでは、施主が優先するのは「安い、早い」ではない。施主自身が技と材の善し悪しを判断し、そこに真価を置いている。そういう地域で、まずい施工をすれば大工は仕事がなくなる。そういうシンプルな関係を失うべきではないだろう。このような人間関係、地域社会が残っている所へ、第三者が入ってくると、かえって責任の所在があやしくならないだろうか。

家を建てる時に近所の人が手伝う習慣もあった。地方には今でも残っている所もある。

そこへ手伝いに行き、現場を見ていれば、職人の技量や使っている材の善し悪しも分かるようになる。第三章でも書いたが、オーストリアでは林業作業等、ご近所の仕事を手伝って報酬を得ても、一定の条件下で課税されない。これ以外の制度を調べていても、社会制度を駆使して地域社会のコミュニティを保護し、存続させ、その自立性を高めようとしているように見える。規制のような公的関与を減らし、ゆくゆくは自立して欲しいと考えられているようである。これは、第三者の検査や規制の介入が増えていく日本とは逆の発想であろう。

大工棟梁に沈黙する建築基準法

大工棟梁には国家資格である「建築大工技能士」を取得している人がいる。しかし建築基準法には、設計者の資格である「建築士」は出てきても、「建築大工技能士」という言葉は出てこない。建築基準法は国土交通省、建築大工技能士は厚生労働省が所管している。建築基準法は建築の基準を定めた法であるが、そこには現場で建物を作り上げる職人について触れていない。建築基準法は、大工棟梁という職能、技能士達の技能に何の価値も置いていない事になる。ある棟梁が、資格を取得し、技術を磨いたところで仕事上では何のメリットもないと言った。そして腕を振るう場もなくなったと。そう言った棟梁の頰に涙がつたっていた。技能の高い技能士たちが、日頃どのような境遇にあるのか、思いをめぐらせた。

木は生物材料であり、それぞれに性質が違う。人も生物であり、みな違って当然である。木を使って人が建てる木造建築も同じである。そこにあまりに均質なもの、同質なものを求めるのは、おかしくないだろうか。また問題のある施工や手抜き工事、偽装問題は、いくら机上の作業を増やしても根本的な解決にはならないだろう。戦後のバラック建築を建てたのは、年季も積まずに道具を持っただけで大工となった、前述の「終戦大工」と呼ばれる人達であろう。バラックが問題だったのではなく、終戦大工が問題だったのではないか。人を育てずして規制する悪いパターンである。バラックを規制するのではなく、職業教育を重視し、技能を有する者の社会的地位、権利を確保することが、長い目で見た問題解決であっただろう。それに年季を積み、技能を磨いた者たちを、技術のない職人と同じように扱ってはならない。

ドイツの大学で工業デザインを学んでいた時、筆者は大学教授とマイスターの間を行き来していた。設計はデザイナーである大学の先生に見てもらい、それを形にするのは、その腕を社会に認められたマイスターに習った。大学に工房があり、そこでマイスターが学生の指導と手助けをしているのだ。職人の卵が学ぶ学校も併設されていた。人の技能が社会制度上で認められており、職人の社会的地位や権利も確立されている。

スイスの教育システムの中でも職業教育が幅を利かせている。大学への道より、職業教育を選ぶ子供の方が多いぐらいかも知れない。スイスでも職人になるメリットが社会においても明確になっているのだろう。また欧州では、実感が伴う教育でなければ受け入れられにくいのかもしれない。スイスはその金融システムで世界の富を集める国だが、その印象とは裏腹に、その基盤はローカルで、質実に固まっているのかもしれない。

日本の職業訓練学校で、金輪継ぎの実習を見た事がある。そこには普段はハウスメーカーの施工現場で働いている若者がいた。彼の仕事は、木を金物で留め、そこに新建材を貼っていく作業である。それが大工の仕事だとは思えず、昼は働き、夜はこうして棟梁の指導を受けにやってくる。心傾ける将来への道が見つかりにくい世の中で、彼が迷い、たどり着いた人生の目標である。大栓《だいせん》で思いの丈を打ち込んだ彼の金輪継ぎが一番堅牢であった。今までそこに転がっていただけの木片が、彼に継がれて立派な材となった。

また、人が人を育てる仕組みが大切だと思う。大工棟梁は特徴の異なる木を見て、組み合わせ、個性ある多くの職人をまとめ、一つの建築をつくる。木との付き合い、人との付き合いは、同じ生き物からしか学べないと思う。

本物を見極める五感や、良いか悪いかを判断する良心、そういう感覚を失った科学が間違いを起こす。優れた科学者は、科学が分かる以前に、生き物としての鋭い感性を持った人であろう。感性は、人や自然を通じて得られるものだと思う。人や自然が見せる数値に現れないもの、言葉にできないものを軽んじてはならない。

西岡常一氏が記された、法隆寺宮大工に伝わる口伝《くでん》の一部を記す。

塔組みは、木組み
木組みは、木のくせ組み
木のくせ組は、人組み
人組みは、人の心組み

これは、どのように社会をつくりあげるかにも繋がる言葉である。木で出来る木造建築も、人が作る社会も同じである。数値や言葉にしかできない基準で人を篩《ふるい》にかけるのではなく、むしろその個性や特長が十二分に生き、生かされる社会の仕組みを考えるべきだろう。

なぜ大工棟梁は口が重いのか

調査をしていても困るほど、大工棟梁は口が重い。職人は常にリアルな世界で実物を相手に仕事をしている人達である。彼らの頭の中では、自分が発しようとする言葉に常に実体がつきまとう。多くの職人を一つに束ね、一つの建築をつくる。自分が口にした言葉が、どのように人に及び、どのような形になり、実世界に現れるのか、彼らの言動は実体と表裏一体であり、そこには臨場感、緊張感と責任感がある。

筆者の知人では、この大工棟梁たちと対照的なのがコンサルタントである。一概にコンサルタントと言っても実に様々な職種名についており、その中には現役を引退した実務家が後進の指導に当たっている場合や調査のプロもいるし、顧客の会社に常駐したり、地方回りをしている人もいる。林業分野にも、現場に入って長く活躍されている方もいる。しかしこういう現場を実感として知るコンサルタントの方が、日本では少数派かもしれない。コンサルタントも金融や情報通信分野であれば、バーチャルな世界が半ば実世界であり、彼らが求められる場でもあろう。

しかしこれが人や組織を動かす事業を考えていたり、国や地域の計画をつくっていたりすると怖いと思うことがある。彼らが翻弄《ほんろう》する言葉に、実体が見えて来ないからである。彼らの意見は現場での実感や経験に裏付けられたものではない。「その理論が経験によって確証されないあの思索家たちの教訓を避けよ」とはレオナルド・ダ・ヴィンチが残した言葉だ。国や都道府県、市町村に至るまで、事業計画に際してコンサルタントに頼っている場合も多い。数年で移動する行政担当者も同じだが、彼らはそこに居続ける当事者ではなく、成功の喜びを分かち合ったり、失敗の責任を問われたりすることもあまりないだろう。契約が切れた後に分かる事業や計画の成否を知ることさえないのかもしれない。

建築家は住宅を設計すると、十年たっても自分が設計した家がどうなったか見に行くものである。家を建てる、まちをつくる、国をつくるとは、年度や契約で切れるものではない。米国にあるシンクタンクのように独自の財源で運営される民間非営利組織なら、顧客にも言いたい事も言えるだろうが、日本のコンサルタントのように会社組織ならば目的は営利である。まず儲けなければならない。そして仕事をくれる行政から評価を得るには、依頼通り顧客に都合の良い資料を揃えなければならない。

私がよく知るまちの計画もコンサルタントが請け負っていたが、事業がうまくいかず、立ち退いた商業施設の跡地が更地のままで、地域は衰退し始めた。その影響は周辺にも及んでいる。知り合いが勤務していた一部上場企業では、新規事業の計画をコンサルタントに依頼し、事業に失敗し大赤字を出した。新規事業の担当者は、儲かると太鼓判を押したコンサルタントの意見を主張し、事業に失敗して左遷されたそうだ。

民間企業の場合、責任は明らかに担当者にある。しかし、行政の方はいつもの異動で担当者が変わっただけであろう。今でも、そのまちでは計画を立てたシンクタンク会社の噂がされる程だが、年度で契約が切れた人達は事業の失敗を知ることもない。

これらの事業計画も、コンサルタントの実績リストには、一見して分かりにくい業務名になって載っていると思う。しかし、まちの計画書をひっくり返しても、行政の担当課が出てくるぐらいで、シンクタンク会社の名が残る事はほとんどないだろう。コンサルタントは、新しい事業や計画をしたい担当者を応援しただけで、事業を行うか否かの決定権もなく、責任を問われるような契約でもないのだろう。

自国の建築工法が「それ以外」と説明されている

大工棟梁の口の重さから脇道にそれたが、話を戻そう。

建築基準法を始め、諸々の規則のお陰で、高い技能を持つ大工の仕事や生活がどれだけ奪われてきたのだろう。ある宮大工の棟梁が「いつまでこうやって虐《しいた》げられ続けるのか」とつぶやいた。彼らは、自分の世界における重要な意志決定の際にも蚊帳の外である。自分の信じてきた事、守ってきた事を否定された人の気持ちはどのようなものだろうか。規則通りに建築し、地震で建物が倒壊しても、責任を取るのは規則を作った人達ではない。

たとえその知識が体系化されておらず、科学的根拠を得る事が難しかったとしても、誰よりも木材と木造建築を知るのは、熟練した高い技能を持つ大工棟梁であろう。彼らの意見を真剣に聞いていれば、このような事になっただろうか。

これは建築のルールに限った話ではない。なぜ大事な意志決定の過程で、現場の当事者達が、直接的にも間接的にも参加することができないのだろうか。これが欧米との決定的な違いであると感じている。民主主義が浸透している欧米は、利害関係者による話し合い、合意形成が日常茶飯事で、それを避けて通れないほど社会が成熟していると思う。

実際に調査することができた欧米の意志決定プロセスでは、利害のある様々な現場の当事者が関わりを持つ。それをコーディネートしている行政マンも、そこに居続ける専門家である。事業の成否を共に感じる当事者であり、話を聞いていると、計画がどのように現場で動くのか筆者にも想像できた。そして、権力と責任をあわせ持った社会的立場に、プライドを持っているのも伝わってくる。誤解を恐れずに言えば、欧米が現場主義、目的主義ならば、現在の日本は机上主義、形式主義に陥っているのかも知れない。

伝統構法が正面から否定されたから建築できなくなったのではない。誰が建築しても安全なように規則を書き加えていったら、伝統的な建築構法で建築出来なくなっていた。それが問題なのである。そうやって物事が決まっていくのは、おかしくないだろうか。伝統構法で建築できる大工棟梁は、それ相応の考えとそれを実現するだけの才能を持ち、修業を積んで来た人たちである。少数派である伝統構法にまつわる建築家や研究者、行政関係者にも同じ事が言える。

しかし、社会の関心の多くは、伝統構法ではなく、耐震偽装や悪質な施工、形だけの行政に向いている。技術のない職人や悪質な設計者、施工者を規制するあまりに、伝統技術や構法が追いやられる。また伝統構法とは縁遠い、自分の利益を拡大したいだけの外からの力に押し潰されてしまう。真面目でまともな人が損をするとは、こういう現象を言うのかもしれない。

外圧が分かり易い例だが、日本は外から驚かされて目が覚める。国土交通省は毎年、『建築統計年報』を出している。そこに伝統構法を含む日本に昔からある「在来工法」について、こう説明してある。「プレハブ工法、枠組壁工法以外の工法をいう」。枠組壁工法は米国から入ってきたツーバイフォーである。外から入ってきたカタカナ工法に対して、日本に昔からあった木造建築構法が「それ以外」と説明されているのである。

「われわれこそ国民だ！」

米国の州議会を、地元の中学生と一緒に見学した事がある。現地に三十年暮らす日本人が、市民の意見が政治に反映されていく仕組みを話してくれた。誰が何をどう決めているのか、透明性が高く分かり易かった。これだけ身近に感じられれば関心も出て来るだろう。確かに常に主張しなければならない国での生活は大変だが、参考にすべき所もあると思う。そして実務家、研究者、行政マンなど現場の当事者、利害関係者が集まって侃々諤々《かんかんがくがく》の話し合いをするならば、利害でなく正論でなければ意見の一致を見るのは難しいだろう。

さてWir sind das Volk!（われわれこそ国民だ！）。これは旧東ドイツ市民が旧東ドイツ政権に抗議し、デモで叫んだ有名な言葉である。このデモが行われた1989年のライプチッヒは、ベルリンの壁を崩壊させた導火線の一つである。それから何年も経った後であるが、筆者はこのライプチッヒに近い町で学んだ。その時もドイツは国をつくり直している真っ最中であった。ボンからベルリンへ首都を移し、その後、現地で首都機能移転に関する調査をした事もあり、みずから国を、社会を変えていくドイツの強さをまざまざと見せつけられた。

留学する前の筆者は、与えられた環境の中で文句も言わずに精一杯努力することが美徳だと思っていた。逆に自分を取り巻く環境や社会の枠組みは、自分達では変えられないと思っていた。しかし旧東独の町で、これまでとは違う考えに触れた。ヨーロッパで起こった一連の市民革命等を「1848年革命」と称するように、欧州の国々は市民階級が自己の権利を主張し、絶対主義を倒し、国づくりをし直した歴史がある。おのれが属する社会はおのれのものであり、自分たちで考え、決めていかなければならないと今でも思っているようだ。みずから獲得し、作り上げてきた社会だから、問題があれば自分たちで変えていけると思っているところがある。

こういう欧米先進国が国際社会でもイニシアティブを取っている。彼らは世界の骨組みや枠組みも自分達で考案し、決定するのだと思っているのだろう。日本は米国の言いなりだと被害者意識に囚われがちだが、これは自分で考えたがらない日本人と、みずから戦略を打ち出せない日本の言い訳にも聞こえる。誰も決めなければ誰かが決める。ただの文句であれば誰でも口にする。しかし同じ苦情でも、社会は変えられると思い、社会を変えていこうとする人と、自分の悲劇を訴えているだけの人では、質が違う。どうしたら問題を解決でき、より良くして行けるのか、具体的な方法を考え、それを人々に伝え、どう具現化するか。そうパラダイムをシフトすると、考えや表現も変わってくる。

読み書きできない人が多いヨーロッパに比べ、日本では、路上に寝起きする人も新聞を読み、タクシーに乗れば鋭い時事批判を聞ける。とても教育水準が高い国である。ほとばしる文句がプラスに向いたならば、どれだけ社会が良くなるだろうか、と想像する事がある。

2008年から三年かけて、法制度上で伝統構法が見直される。この見直しには、伝統構法を守り伝えようとする建築家や研究者、行政担当者等が参加している。長い間耐えてきた関係者の強い思いが、これまでの制度策定とは様相を異にさせているようだ。現場の当事者が意志決定の主導権を奪い返しつつあるようにも見える。多くの人が検討の経過を知ることができ、それを見守って応援している。

伝統建築は、この三年を契機に見直されていくだろう。伝統構法や大工棟梁の職能が広く多くの市民の方々に認知され、少なくともツーバイフォー程度には、社会的立場を獲得できないだろうか。諸制度により伝統構法は建築しづらくなっているが、伝統構法を認めたからと言って、それ以外が否定される訳ではない。逆に規制や制度の増強で、他を排除することで有利になり、それが利益に繋がる者が出る可能性があれば、慎重に検討すべきだろう。

住宅の建築方法は様々であり、それぞれに地の利にかなった要望があり、みな長所と克服すべき課題がある。都市には都市に、地方には地方にふさわしい家の造り方がある。問題があればそれを規制で排除するのではなく、むしろ新しい技術や制度で克服すべきである。そこに新しい技術や文化が生まれる。そういう試行錯誤と創意工夫が歴史を前に推し進めてきた。堂塔《どうとう》や社殿などに閉じられた世界ではなく、市井《しせい》の市民にも、日本文化の中で生活するチャンスが、現代に吹き返すであろう。少なくとも日本の伝統を守り、伝えたいと思う。

聞かれたこともない、大工棟梁たちの意見

ここに社団法人日本建築大工技能士会（以下、日建技）で行ったアンケート調査を紹介したい。大工棟梁からの苦情は多い。しかし個人的な文句としては人に伝えられない。また個々人の思い入れが強い所もあり、客観的な方法で確認する事も大事であろう。そして感覚に頼っていた事柄を、実験などを通じて検証していく事も重要だと思う。

日建技は１９６４年に創立発足し、四十年を超える歴史がある。一級建築大工技能士の資格所持者の集まりで、厚生労働省の所轄団体である。初代会長は早稲田大学の教授であった田辺泰先生である。会員は１９７０年頃には約１万３２００人いたが、現在では２０００人に激減し、急激な高齢化が進んでいる。同会は、これまで建築基準法など木造建築に関する諸規則の検討や改正に際して、意見を求められたことはない。

２００７年に日建技の総会でアンケートを実施した。参加者１８０名あまりに配布し、

120人を超える方から回答を得た。回答者は、すべて国家資格である建築大工技能士一級の資格所有者で、平均年齢は六十歳を超え、弟子入りして現在まで平均約四十五年の経験を持つ。

その中でこれまで建築した建物が倒壊又は半壊した経験があるのは一人であった。城郭などの歴史的建造物にも携わっているが、彼らの多くは普段は木造住宅を造っている。黄綬褒章や大臣賞、現代の名工など数々の賞を受賞した方でも、枠組壁工法や建売住宅の現場施工等、多種の建築を経験している。

この選択式アンケートの前に日建技の理事に自由記入のアンケートを行ったり、聞き取り調査を行ったりした。むろん大工棟梁のみならず、研究者や行政などにも調査を行っている。事前調査の結果から、アンケート内容を練り、選択肢の文言を作成している。多くの技能士に理解され、選択肢の言葉から想像される部位や構造、現象等が大体同じになるよう腐心した。

棟梁の言う「木造の基本」とは

大工棟梁からは、「木造建築の基本が守られていない」という意見が非常に強い。それらの意見を整理して、アンケートで調査した。まず最初に木の性質を見る必要があるかないかを聞いた。本肢に回答したすべての大工技能士が「大事な基本」に丸をつけている。また木は、工業製品とは違い、自然に生えていた状態を大事にして使うものだと回答した方がほとんどであった。これらが、木造建築の耐久性を高めるための、職人の技能として最重視されている事項である。棟梁は木を横にして用いる場合にも、木の元《もと》末《すえ》（木の上下の事）を使い分ける。

次に建築金物について尋ねたのは、先の告示第１４６０号が筋違端部や柱脚・柱頭の接合部を金物で留めるよう定めた事に対して、大工棟梁から非常に強い批判があるからである。アンケートでも建築金物をたくさん使うことは木造建築の基本ではない、むしろ間違いだと回答した方が合わせて１００人近くいる。伝統構法でもまったく金物を使用しないわけではないが、しかしそれは補助的なものである。

「自然換気」をモットーにした造り

次に、換気方法については、自然換気が木造の基本であり、機械換気は邪道であると思われていることも良く分かった。自由記入にも、山林や田畑に囲まれた地域や大きな木造住宅には機械力による換気は必要ではないとも書かれていた。

冬を考えて建築しなければならない寒冷地や、密集して住まう都市部では、高気密高断熱住宅も必要だろう。ここまで気密性が高くなってくると、窓を閉めたら始終ファンを回して換気もしたくなる。現にシックハウス対策を理由に、原則的に機械換気設備の設置が義務づけられた（なお、外壁や天井、床に合板などを用いない等の場合には、換気設備の設置が免除されることもある）。

しかし、日本が参考にしている欧州の高気密高断熱住宅は、夏期クーラーの効率を上げるためではなく、冬対策である。欧州の冬は厳しい。ドイツ留学中、酔っぱらった人が道端で眠りこけて凍死した事件が起こっていた。暖房が故障した厳冬の日、筆者も家の中で凍死の疑似体験をしたことがある。欧州では、自然との関係を絶たなければ、冬は生きていけない。夏になると自然を求めて、ベランダや公園で、太陽を浴びている人を見かける。できるのなら、彼らも自然に触れて生活したいが、冬はそれが許されない。

筆者は気温が三十八度まで上昇したウィーンの記録的猛暑に遭遇したが、どこへインタビュー調査に行ってもクーラーがなかった。窓は開けっ放し。もちろんホテルにもなかった。オーストリア人はクーラーが嫌いだとも言っていた。

それに比べ、日本の気候は四季に触れ合えるほど柔らかである。そもそも緯度が違う。日本の家はもともと、まず夏を考えて建築されてきた。深い庇《ひさし》であり、濡れ縁や縁側など構造的な工夫だけでなく、夏と冬では引き戸を代えたりもして、自然な風の通りを大事にしていた。風のない灼熱の屋外から民家や町屋の中に入っていくと、涼しい上にそこに風を感じる事がある。いまでも構造や素材に工夫を凝らし、なるべくクーラーに頼らない家を目指して設計している建築家もいる。機械力に頼らない工夫である。

調湿効果もある木と土壁、漆喰などを主体に組み合わせ、自然な通風で空気が入れ替わり、外気の暑さ寒さが直接室内に伝わらないよう構造に工夫を凝らした家屋を造るとする。そうすると天然素材中心でシックハウスの心配がほとんどなく、機械換気設備が不用で、あまりエアコンに依存しない家になる。

高気密高断熱住宅は、二十四時間換気システムを推奨する。ここで少し考えてみたい。部材の製造や建設、そして竣工後の設備の運転などを考慮して、その省エネ加減を前述の住宅と高気密高断熱住宅で機械換気とエアコンを使って空調を制御する住宅とで比較したらどうだろうか。

昔にタイムスリップすれば、エネルギー消費量も少ないに決まっていると言われれば、その通りである。しかし今でも、日本的な造りを現代風にアレンジした家は建築されている。高気密高断熱住宅が優遇されれば、こうした家は結果的に不利になるだろう。林業の補助制度のところでも述べたが、同じ産業分野で特定の地域や特定の事業体が結果的に有利になる支援は、産業をひずませる可能性がある。制度は慎重に検討しなければならない。

また建築基準法等で部品や機器の取り付け等が義務づけられたりすれば、それに適応した商品が急に売れる一方、コスト負担は施主に跳ね返る。その点についても、制度設計に多くの配慮が必要だろう。

上京して間もない頃、筆者が驚いた事の一つは、トイレに窓がなく換気扇が回っている事であった。実家のトイレの窓からは、白いレースのカーテン越しに、四季折々の花が咲く隣家の花壇が見えた。そよそよ風が通るトイレは、居心地の良い場所であった。富山県の散居村《さんきょそん》に至っては、100メートル間隔で民家が建っていたりするが、ここに建つ住宅も同様に換気設備の規制対象となる。その土地には、その土地なりの家の造りがある。こんなに立地条件が違う地域を相手に、同じルールを敷くのは、少々無理ではなかろうか。地域固有の建築や文化、ひいては地場産業の生業《なりわい》を否定することにもなりかねない。
そして何よりも、我が国には素晴らしい生活文化の歴史がある。新しい工夫や問題を解く鍵は、日本の中からも見つけ出したいものだ。

伝統構法は、揺れを逃がす発想

次に木造の基本構造についてである。アンケートでは、木造の基本はまず「軸組でもつ構造」であるとの意見が、「壁でもつ構造」を上回る。もちろん伝統構法にも壁があり、それが構造としても効いている。しかし、まず「軸組」により造られる構造が大事だと思われている。

木造の基本構造は「粘りのあるしなやかな構造」となった。金物や壁でかたく固める構造は木造の基本ではない、むしろ間違い、に丸をつけた人が合計100人もいる。現行の基準法が示す木造住宅については、筋違などを入れ、金物でかたく固定する構造が良いとされる方向にある。構造に対する考え方が違い、どちらが良い悪いの話ではない。

問題は、大工棟梁が目指し、我が国の伝統的な造りである「軸組」でもつ「粘りのあるしなやかな構造」の木造を建築することが、現行の規則では難しいことである。大工棟梁の考えは、固い構造で揺れをシャットアウトするのではなく、粘りのあるしなやかな構造で力をいなし、揺れを逃がすような発想であろう。

建設費の安さが判断基準となれば、木材の大きさも基準法の最低寸法に譲らざるを得ないが、建築基準法が示す材径は間違いと回答したのは五十人を超えた。使用すべき木材は無垢材で、それを自分の手で加工する事が基本だと答えている。受賞経験の多い棟梁も下請けが多く、プレカット材や集成材を使った経験がある。その施工経験を踏まえての回答だろう。以上が木造の基本を尋ねた結果である。

大工棟梁からうとまれる建築基準法

建築基準法諸規則についてどのように感じているか尋ねてみた。選択肢は「伝統的な大工技術がすたれる」と「伝統的な大工技術が発展する」といった具合に、相対する意見を並べて用意し、どちらかに丸をつけてもらった。

まず現行の建築基準法諸規則では「伝統的な大工技術がすたれる」と意見された方が一番多く九十人を超えた。次に「意味のない規則が多くなってきた」が続き、「木の性質を生かしていない」「木造の基本が守られていない」「伝統構法を絶やす」「金物が木を痛めている事が多い」に丸をつけた人がそれぞれ七十人を超えた。建築基準法で述べている木造建築のルールが、いかに大工棟梁達の考えから外れているか分かるだろう。

このほか自由記入では「建築基準法は地域性を無視している」との記述もあった。総じて建築基準法が大工技術や伝統構法、木造の基本を守る立場にはなく、「意味のない規則が多くなってきた」の回答数からも、現場作業の妨げと思われているようである。安全性確保をねらい、詳細を規制するには、万人に容易な表現と施工にならざるを得ず、最低基準が守られると共に高次の施工水準も引き下げられる。木造の基本として挙げられる「木を見る、生かす」といった、表現にすると抽象的な技能は経験で体得されるものであり、制度化する事は困難でもある。

木も人の技能もそれぞれ性格があり、それが組み合わされ形となって現れるのが木造建築である。工業製品、工業化住宅のように一律に規制する事は難しいだろう。しかもその差異、その特徴を見極め、生かす事が、伝統的な木造建築の基本であり、その耐久性を担保するものでもある。工期、工費の制約条件とあいまって、結果的に建築基準法諸規則は伝統技能に否定的であり、木造の基本に反するものが多いという印象を与えているようである。

接合部について

どのような接合部が木造として耐力があり、長耐久かもアンケートした。その結果、回答した方のすべてが、金物を使用しない、木組みによる接合部が木材を金物で固定する方法より耐力があり、長持ちすると答えた。その理由は前に述べた。

もちろん伝統構法でも金物を使う事がある。力のかかりようでは、建築金物で接合部が補強されている方が、折れにくい場合もあるだろう。今の建築基準法が定める大きさの柱に、断面欠損の多い継手や仕口を施すと危険でもある。

通し貫《ぬき》を入れた構造と、筋違《すじかい》を入れた構造のどちらにより耐力があるか尋ねた所、回答数は半々となった。通し貫は伝統構法の手法で、斜めの木を入れる筋違は建築基準法に出てくる方法である。年齢でクロス集計を行うと、貫と答えた方の平均年齢が若干高くなった。日建技の理事達は、やはり貫が筋違より優れていると言う人が多いが、半々となった回答状況からも、技能士が感情的にではなく、構造の違いを思い浮かべて悩んでいる様子が分かる。構造に対する考えが違うのである。

次にも触れるが、むしろ問題となる建築は、規制はクリアしているが、全体の造りに統一性や一貫した考えがないもので、そこに地震に弱い理由が生じるのではないだろうか。

問題は、どっちつかずの施工

現在一般的に建築されている在来工法において、木造を長持ちさせるのに、特に問題があると思う部位を聞いた。十人に四人の割合で軸組に問題があると答えている。次に接合部、基礎と続く。聞き取り調査でも、必ず接合部の問題が取り上げられている。

伝統構法と、現在一般的な在来工法が混在しどっちつかずの中途半端な施工が生じていることについてインタビューで話題になった。そこで多くの方から挙げられた施工方法を整理し、アンケートで多数の意見を聞いた。最多は「土台に柱のほぞが打ち抜かれていない、短ほぞ（柱が土台にきちんと刺さっていない状態）」となった。次に「通っていない貫」で、そして「木目に関係なく金物を打つ」が続いた。大工棟梁の考えや約束事のような事を、規制が中途半端に取り上げ、どっちつかずの施工が生じて、どこにも明文化されていないような基本的な施工水準が低下しているおそれがある。そこに弱い木造を作ってしまった理由があるのかもしれない。

耐久性を考えれば国産材

どの産地の木材を使うと木造が長持ちするかを尋ねた。「(適材があれば) 地元の山から取れた木材」に丸をつけた方が圧倒的多数であった。一人を除き全員がそう答えている。また「国産材（産地を問わない)」が良いと回答した方も多い。木造の耐久性を考えると、やはり高温多湿な我が国の気候風土にあった国産材が一番なのだろう。

前述した岐阜の長良川流域を対象に、木造住宅建築の産地別木材使用量を推計した事がある。国産材使用量は三割を切った。ツーバイフォーやプレハブ工法では、仕上材を除くと、国産はほとんど使われていなかった。天然素材への嗜好が高まる中、無垢材をうたった建築でも、和室以外は輸入された製品が多用されていた。地場の中小の住宅建築事業者が総檜などと銘打って国産材を使っていない限り、国産材は見る影もない。これは木曾檜だ、秋田杉だ、柾目だ無節《むぶし》だと、こだわって国産材を使っていたのは、木の性質を見極める事ができる大工棟梁だろう。

耐用年数は100年以上

約三十坪の木造住宅を建築するとして、その耐用年数と建築費用について数値を書いてもらった。アンケートに記入された数値を集計し平均値を出すと、伝統構法の耐用年数は百年を超え、現在一般的な在来工法は五十年を切った。一人を除いて伝統構法より現在一般的な在来工法の耐用年数を長く記入した方はいない。

現在、日本の住宅の寿命は、先進諸外国に比べて短く、一般には三十年前後、研究者によっては約五十年と推測している。大工棟梁の相場観も近い値になっている。この集計からは除外しているが、富山の伝統構法である枠の内造の住宅と書かれたものだと、耐用年数三百年と記入されている。宗教建築ではなく一般住宅でも、棟梁たちの伝統木造は長耐久建築である。欧州は歴史を積み重ねるように町並みが連なっていくが、日本でもそれに劣らない歴史的景観を創り出す事が、ごく普通のまちでも可能なのだ。

大工手間については、伝統構法は在来工法の倍ほどになるが、それを作業日数一日当たりにするとあまり変わらなくなる。伝統構法で大工手間が高いのは、作業に日数をかける要因が大きい。木材費はもちろん伝統構法が高い。耐用年数で木材費と大工手間の合計値をおしなべてみると、一年あたりにした数値は、伝統構法の方が在来工法より安くなる。家も買うものになり、新築を買う時点で高いか安いかが重視される。このような現在の価値判断で評価する事は難しいかもしれない。しかし、例えば筆者の祖父母が移築、再建した伝統木造住宅が、その次の代、そしてその次の我々孫の代に至っても健在である。修繕費はかかったとしても、その間、何棟もの家を造っては壊し、造っては壊すより、経済的にも環境的にもはるかに負担は小さい。

最後に、アンケートの自由記入欄に、富山の大工棟梁、佐々木利幸氏が書いた言葉を紹介する。

「あらゆる建築は、その国の持つ伝統や文化のあり方の象徴です。建造物のあり様は(構造は)、国家構造の具象ともいえるでしょう。物をつくり、伝えていく事を通して人間は成長していきます。先達の知恵を無視したものつくりは、大工職人の伝統技術のみならず、いずれ国がもつ伝統や文化の衰退につながるでしょう」

飛騨古川の「そうばくずし」

我が国は木の文化を誇ってきた。それも、二つと同じモノがない木理《もくり》に心遣《や》る、無垢に価値を置く文化である。日本人に教えられるまで柾目も板目の違いも知らなかった国もあると聞く。森林は国土の七割近くを覆い、森や木に関わる産業の裾野は広く、木材は地域の産業や文化を醸成する源でもあった。地場にある材を活かし、その風土に合わせて発達した構法、技能の集積が地域の歴史的景観を創り出し、その自然と調和した姿は風景となって我々多くの日本人の心象に残っている。

大工棟梁は地縁社会で生きた職能であり、家は買う物ではなく建てるものであった。このような地域社会における人と人との繋がりが自律的な地域社会の安定を促し、また地域固有の歴史的景観も、自然発生的に形成されたのだろう。

こうした歴史的背景が、市民たちが権利を奪回する過程で、公共財の思想が発達し、制度化された外国とは異なり、不文律でありながら、我が国なりの地域社会、市民文化の独自性と多様性を培った理由の一つでもあろう。

岐阜の飛騨古川には、今でも「そうばくずし」という言葉が言い伝わる。飛騨の匠文化館でもお話を聞いたが、言葉遣いでもマナーでも建築でも、皆が守りたいと思っている気持ち（そうば）のようなものを壊す事（くずし）を嫌うと言う。このまちでは、誰に言われなくても、伝統的な木造建築の町並みが美しい所に鉄筋コンクリートやプレハブの家を建てたりはしない。

またこの地方は、大工発祥の地とも言われ、租庸調を納める代わりに、都に工匠《たくみ》を送り、都の造営に当たっていた歴史がある。鎌倉時代の初頭まで、毎年百人を超える大工を都に送っていた。法隆寺の釈迦三尊像をつくった鞍作《くらつくりの》止利《とり》もここに誕生したと伝わる。歴史の血を受け継ぐ大工が作り続けるまちである。

合併前の旧古川町の人口は1万6500人程度であったが、この町には今でも150〜160人ほどの大工がいると聞く。地域社会を支える大事な産業でもある。今も作り続けられる町並みを歩き、軒先を覗くと腕木に彫刻がほどこされているのを発見する。これを雲と呼び、同じ雲のある木造建築は同じ古川大工の作品である。大工棟梁は軒先に隠れた「雲」に思いを込めている。こういった気質が、この飛騨古川、高山を始めとした飛騨地方に残る歴史的景観を創りだして来たのだろう。

画一という文化の破壊者

グローバル化が進む中で、世界では国や地域の独自性や固有性を守ることが、国力の保持に繋がるとされるようになっている。その中でも資源、そしてそれにまつわる産業が大事にされている。国内に目を転じると、林業から建築業に至る木材地場産業の地域社会に広がる裾野は広く、この衰退は地方における過疎化、空洞化にも影響を及ぼしていると考えられる。

製材所はまず上流域にあったものから潰れていく。山から木が切り出されなくなった為、地場産の木を製材する事が出来なくなる。次には、海の外から入って来る外材も製材できなくなる。米国などは地場の製材加工業を守るため、国有林や州有林から出る丸太をそのまま輸出する事を禁じたぐらいである。次第に日本は製材加工製品しか買えなくなる。そうすると、外材をひいていた沿岸部の製材所も存続が厳しくなる。大胆な説明だが、まず最上流の林業が廃れ、森林が荒れ、上流から下流へと製材所が消えていく運命に向かっている。そして最下流の建築現場では、建築基準法が、規格品として入ってくる外材を多用した工業製品のような木造住宅しか許さず、国の森林資源と地域文化に深く結びついた伝統構法を追いやっている。

大工棟梁を筆頭とする地場の建築産業は、地域の資源や文化、そして景観と深い関わりがある。伝統的な木造建築の町並みが美しい飛騨地方は、「飛騨の匠」の里である。富山県の散居村の風景には、全国に名の知れた「井波大工《いなみだいく》」をはじめ、富山の大工棟梁たちがいる。美しい歴史的景観をつくって来た地方には、それを支える職人集団が控えているものである。

昔は、大きな寺社の周りには、職人の町が形成されていたものだ。今となっては、地方が公共事業に頼るように、その土地の上に何か形をつくる土木建築業は、その地域社会が何を糧《かて》に成り立っているかを映し出すものなのかもしれない。

今の建築基準法を見ても、地域に伝わる伝統木造や地場の建築産業を守り育てていこう等という気持ちは見えない。建築をめぐる社会制度も、ますます画一的、均一的になり、常に同質な製品とそれを生産する者しか許容しなくなりつつある。

木を使って人がつくる建築は、唯一無二のものである。二つと同じものができるわけがない。できないからこそ、そこに文化が生まれる。地域文化がすたれると共に、衰弱する地域社会を維持するためにかかる負担が、どっしりと我々一人一人の肩にのしかかってきている。

懐古趣味ではない。歴史や経験、感性が人に刻んだ技能は文化の礎であり、文化は国力の源である。人工林で埋めた森も、そこから流れ出る川も、我々の生活と縁を絶つかのようにブロックやネットで遠ざけ、古いものを壊し、真っさらに舗装した道に、無機的な近代建築が建ち並ぶ街にしなければ発展しない、と思うのは日本の歴史が負った勘違いだろう。

戦時中に激しい空爆を受けたドイツの街ローテンブルクも、「ここまでしなくても」

と思うほどに歴史どおり、まちを再建した。そこに人が住み、暮らしが営まれている。スペインのトレドに入った時は自分の目を疑った。トレドは、溶け出しそうな中世が目の前に広がる町だ。イタリア、シエナのカンポ広場は七百〜八百年前に作られたものだ。すり鉢状のその広場でくつろいでいるのは、観光客より市民である。ベルリンやウィーンにしろ、ただ過去を保護するのではなく、時代の葛藤の中で、まちが歴史を積み重ねていく。

脈々と流れる時代の続きに今があり、そこから将来が開く。彼らは歴史の中に刻まれる自分の時代を意識しているようだ。歴史は封印された過去ではなく、今の生活の中に息づいている。欧州の人々は、自らの歴史や文化を守り、今もその続きを作り続け、世界中の人々を魅了する。そこで何よりも彼らが住み続けたいと思う豊かな住環境を創り、安心して働き続けられる地域産業を維持しているのだろう。見事な道路が延び、立派な公共施設が建設されたのに、日本の地方からは、人がどんどんいなくなる。地方都市の中心街はシャッターで静まりかえり、その衰退は見るに忍びない。

学生時代は、現地の人に混じって旅をした。国境も鉄道で越えた。これまで旅した国は二十一カ国に過ぎないが、みなグローバルな国際競争下に置かれ、その中で覇《は》を競う国ばかりだ。その国力は、国民のよりどころとなる、豊かで落ち着いたローカルな社会あってこそだと感じた。日本のように、ここまで地域社会が衰弱している国を、他に見たことがない。このままでは日本人に帰る場所がなくなる。

最後に

この本を手に取って下さった方々の心に届くように書くにはどうしたら良いか、七転八倒しました。また、ただの研究者の調査にもかかわらず、実情を訴えながら、涙を流された方が何人もいます。日々向き合っている現実に、声を荒げた人も数しれません。自分の立場では言うに言えないことを、必死に伝えて下さった方もいます。こうした方々の気持ちをしっかりと受け止めて、現場で起こっている事実を平静な文章にして伝えようと、精一杯書きました。研究者にあるまじきことも随分書きました。

私は、河川流域という一つの自然の形を意識しながら、森や水といった我々の生活に深く関わる社会基盤について研究しています。問題となって現れる事象は様々ですが、その引き金となっている理由には、多くの共通点が見えてきます。現場に引き込まれるように研究をし、現場に求められるようにこの本を書くに至りました。

ここまで読んで下さった方なら、何が問題で、どうすれば良いか、その答えはもう皆さんの中にあると思います。そう思い、何らかの働きかけをするならば、物事は良くなる方向に向かっていくでしょう。

森と木をめぐる問題を知り、それを解こうとすると、祖先が趣向を凝らしてきた自然と生活や産業との関係に行き着きます。豊かな自然環境と共にあった生活文化や産業文化を守り、発展させていくことにも繋がるでしょう。またそれは、日本が日本らしさを取り戻すきっかけにもなるのではないでしょうか。

森も木も、そして伝統的な木造建築も、つい最近まで、とても身近な存在でした。筆者も研究者として、建築家として、そして一人の日本人として、日本の森と木の文化を守り、育てる事に力を尽くしていきたいと思います。

最後に、これまで出会うことのできた国内外の多くの方々に深くお礼を申し上げます。

現在、私が所属しているのは、早稲田大学・菅野重樹教授の研究室です。もう何年も機械工学科の学生達と山に入り、ともに学び、専攻の違う研究仲間と連名で論文も書かせて頂いています。落ち着いた環境を下さっている先生を始め、研究室の皆さんに感謝しています。岐阜などの調査は科学研究費により行った研究をもとにして書いています。また各地で講演させて頂いた内容も含まれています。

たくさんの皆さんに、この本を手に取ってもらいたいという願いを込め、この書名は出版社がつけられました。新潮社のたくさんの方々にお世話になりました。お礼申し上げます。

原稿を書くと、まず最初の読者になってくれたのが家族でした。家族に支えられてここまで来ました。感謝しています。

二〇〇八年十二月

白井裕子

白井裕子　日本学術振興会特別研究員。工学博士。一級建築士。早稲田大学理工学部建築学科卒。ドイツ・バウハウス大学留学。野村総合研究所研究員、早稲田大学客員准教授などをつとめる。

Ⓢ新潮新書

296

森林《しんりん》の崩壊《ほうかい》

国土《こくど》をめぐる負《ふ》の連鎖《れんさ》

著　者　白井《しらい》裕子《ゆうこ》

2009年1月20日　発行

発行者　佐　藤　隆　信

発行所　株式会社新潮社

〒162-8711　東京都新宿区矢来町71番地
編集部(03)3266-5430　読者係(03)3266-5111
http://www.shinchosha.co.jp

印刷所　株式会社光邦

製本所　株式会社植木製本所

ISBN978-4-10-610296-7 C0261

価格はカバーに表示してあります。

新潮新書

271
昭和史の逆説
井上寿一

戦前昭和の歴史は一筋縄では進まない。平和を求めて戦争に、民主主義が進んでファシズムになる過程を、田中、浜口、広田、近衛など昭和史の主役たちの視点から描き出す。

272
世紀のラブレター
梯久美子

「なぜこんなにいい女体なのですか」「覚悟していらっしゃいまし」——明治から平成の百年、近現代史を彩った男女の類まれな、あられもない恋文の力をたどる異色ノンフィクション。

273
地獄の日本兵
ニューギニア戦線の真相
飯田進

敵と撃ち合って死ぬ兵士より、飢え死にした兵士の方が多かった——。退却する日本兵は魔境、熱帯雨林に踏み込む。85歳の元兵士が描き出す「見捨てられた戦線」の真実。

275
気骨の判決
東條英機と闘った裁判官
清永聡

太平洋戦争中、特高の監視や政府の圧力に負けず、信念を貫き命がけで政府を裁いた裁判官がいた。戦後「幻の判決」と呼ばれた「翼賛選挙訴訟」の真実に迫る感動のノンフィクション。

276
ニッポンの評判
世界17カ国最新レポート
今井佐緒里 編

日本人は今、どう思われているのか？　海外在住の書き手が集まってフィンランドからドバイ、トンガまで徹底取材。意外な高評価と熱い声援から再発見する、ニッポンの素顔とは。

Ⓢ新潮新書

277
どこまでやったらクビになるか
サラリーマンのための労働法入門
大内伸哉

社内事情をブログに書いたら？　社内不倫や経費流用がバレたら？　サラリーマンにとって身近な疑問を法律の観点から検証。今日から使える超実践的な労働法入門。

280
新書で入門　宮沢賢治のちから
山下聖美

日本人にもっとも親しまれてきた作家の一人、宮沢賢治。音に景色や香りを感じたという特異な感覚に注目しつつ、「愛すべきデクノボー」の謎多き人物像と作品世界に迫る。

282
「名医」のウソ
病院で損をしないために
児玉知之

「名医・名病院ガイド」をいくら読んでも、医療に対する不満は解消できない。医療格差の被害者にならないために、患者として知っておくべき知識を現役医師が解説する。

284
源氏物語ものがたり
島内景二

藤原定家、宗祇、細川幽斎、北村季吟、本居宣長、アーサー・ウェイリー……。源氏の魅力に取り憑かれ、その謎に挑んだ九人の男たちがつないできた千年を辿る、奇跡の「ものがたり」。

285
だから混浴はやめられない
山崎まゆみ

混浴こそ至福の名湯……日本中の混浴地を求めて回る女性温泉評論家がその醍醐味を紹介！　豊富な体験談から、裸のコミュニケーション論、興隆を極めた江戸の銭湯事情の歴史まで――。